El
Internet
Del
Dinero

VOLUMEN TRES

UNA COLECCIÓN DE CHARLAS DE
Andreas M. Antonopoulos

El Internet del Dinero Volumen Tres

Andreas M. Antonopoulos

Tabla de contenido

Elogios para El Internet del Dinero

Las criptomonedas pueden cambiar al mundo mucho más que como lo ha hecho Internet y la mayoría de la gente no lo sabe. Andreas hace un gran trabajo al explicar estos temas que de otro modo se verían complicados, de una manera fácil e incluso divertida de entender. — Wences Casares, *CEO de Xapo*

Es difícil encontrar un campo más multidisciplinario que el de las criptomonedas. Esto hace que sea endiabladamente difícil de explicar y comprender, porque incluso un experto en uno de sus campos es un principiante en muchos otros campos relevantes. Sin embargo, esto es lo que Andreas M. Antonopoulos logra con la serie de libros "The Internet of Money": explicar la criptomoneda en términos accesibles para todos. En este volumen, se mueve hábilmente entre temas que van desde la economía hasta la informática, desde la gobernanza hasta las comunidades en línea. Ofrece algo para todos, sin importar de dónde vengan. — Jill Carlson, *Co-fundador de la Iniciativa Open Money*

¿Qué significa para la Internet tener una capa de servicios libre de censura para la transferencia de valor? ¡Aún no lo sabemos! Solo sabemos que será revolucionaria. Si bien todavía no podemos ver el futuro brumoso, no hay nadie mejor que Andreas Antonopoulos para iluminar el camino por delante. Puede que no estés de acuerdo con todas sus predicciones y opiniones, pero no puedes ignorarlas. — Evan Van Ness, *Semanario "Week in Ethereum News"*

Como instructor profesional en el tema de las cadenas de bloques, a menudo me encuentro haciendo uso del material de Andreas. Muchas de las charlas transcritas en este volumen de "The Internet of Money" ya han demostrado ser recursos valiosos en el aula. Estos materiales ayudan a los estudiantes a navegar por el laberinto de opciones de las cadenas de bloques y comprender el impacto del uso de esta tecnología tanto para ellos mismos como para los clientes de los negocios que ellos construyen.

Andreas tiene una habilidad real para presentar estos conceptos, no solo de una manera no técnica y fácil de entender, sino de una manera que realmente comunica la importancia y el impacto humano de estas tecnologías.

—Hannah Rosenberg, *Directora General de "The Blockhain Institute" y profesora asociada adjunta en el College of Business Administration de la Universidad de Illinois Chicago*

Andreas M. Antonopoulos no se limita a lamentarse de que podamos hacerlo mejor, sino que detalla las herramientas que tenemos disponibles y la ruta que ya tenemos en marcha. El Internet del dinero nos une a todos a través de la narración de una absurdez familiar que es nuestro pasado y presente, mientras nos enseña sobre el futuro que yace ahora por delante gracias a una tecnología que inspirará, enfurecerá y liberará a las generaciones venideras. —Joshua McDougall, *Director de C4*

El último trabajo de Andreas M. Antonopoulos ofrece conocimientos que ampliarán nuestra perspectiva y proporcionarán una mayor profundidad a nuestra comprensión sobre el Bitcoin. Ya sea que seamos novatos del Bitcoin o entusiastas desde hace mucho tiempo, las charlas de Andreas son enérgicas, espontáneas, reveladoras y entretenidas, todo a la vez. **En cada capítulo podremos descubrir algo nuevo.** — Anita Posch, *Presentadora de podcasts, autora de "Bitcoin & Co. Kryptowährungen sicher kaufen, verwalten und verwahren" y miembro de la junta de "Bitcoin Austria"*

Por más de siete años, he tenido el honor de luchar junto a mi amigo Andreas Antonopoulos contra la moneda política y por la soberanía monetaria a través de la criptografía, la libertad de expresión y el dinero robusto. No puedo pensar en una batalla más importante porque esta es una pelea con solo dos resultados posibles: el control de nuestras propias vidas por parte de nosotros los mismos individuos o el control sobre las personas y sus vidas por parte de las elites políticas y económicas. — Trace Mayer, *Anfitrión del podcast de "Bitcoin Knowledge"*

En la década de los 80s, la mayoría de la gente pensaba que no necesitaba una computadora, y mucho menos la capacidad de conectarla con otras, pero unos pocos compartieron sus sueños de un futuro conectado e impulsado por la información. La última entrega de Andreas de El Internet del Dinero, toca la misma fibra sensible al describir por qué las cadenas de bloques son importantes en un futuro descentralizado: es esperanzador, profético y visionario. — Michael Perklin, *Presidente de C4*

Con elocuencia y pasión, Andreas defiende el poder transformador de las tecnologías descentralizadas. No hay nadie en el planeta que pueda transmitir estos conceptos con tanta accesibilidad sin simplificar demasiado la tecnología. Y nunca olvida el "por qué" detrás de todo.

Este libro es una colección fantástica de las mejores charlas de

Andreas. Una lectura obligada para cualquier persona interesada en el futuro radical que nos espera. — Brian Fabian Crain, *Coanfitrión del Podcast de Epicenter y CEO de Chorus One*

El Internet del Dinero Volumen Tres

Una colección de charlas de Andreas M. Antonopoulos

aantonop.com

Dedicado a la comunidad de bitcoin

Disposiciones Legales:

Autorizaciones:

Charlas de Andreas M. Antonopoulos

https://aantonop.com/

@aantonop

Diseño de Portada

Kathrine Smith: http://kathrinevsmith.com/

Transcripción y Edición

Janine Römer, Jessica Levesque, Pamela Morgan

Traducción al Español

Julio Moros: https://www.instagram.com/jjmorosr009/

Primera impresión: **15 de diciembre de 2019**

Segunda impresión: **10 de febrero de 2020**

Tercera impresión: **25 de noviembre de 2020**

Participación sobre Erratas: errata@merklebloom.com [mailto:errata@merklebloom.com]

Solicitud de Licencias: licensing@merklebloom.com [mailto:licensing@merklebloom.com]

En General: info@merklebloom.com [mailto:info@merklebloom.com]

ISBN: 978-1-947910-17-1

Prefacio

Por Andreas M. Antonopoulos

Cuando comencé mi viaje hacia el bitcoin, nunca pensé que me conduciría a esto. Este libro es como un diario resumido de mi descubrimiento de bitcoin y de las cadenas de bloques abiertas, que es presentado a través de una serie de charlas.

Durante estos últimos siete años, he dado más de 200 charlas a audiencias de todo el mundo, he grabado más de 400 episodios de podcasts, respondido varios cientos de preguntas, he participado en más de 200 entrevistas para radio, prensa y televisión, aparecido en ocho documentales y escrito dos libros técnicos llamados *Dominando el Bitcoin* y *Dominando a Ethereum*. Casi todo este trabajo está disponible, de forma gratuita, bajo licencias de código abierto, en línea. Las charlas incluidas en este libro son solo una pequeña muestra de mi trabajo, seleccionadas por el equipo editorial para dar una idea de lo que es bitcoin y las cadenas de bloques abiertas, sus usos y su impacto en el futuro.

Cada una de estas charlas fue presentada a una audiencia en vivo, sin diapositivas ni ayudas visuales, y fue en su mayoría improvisada. Si bien tengo un tema en mente antes de cada charla, gran parte de mi inspiración proviene de la energía y la interacción con la audiencia. De charla en charla, los temas van evolucionando a medida que pruebo nuevas ideas, veo las reacciones y las desarrollo más. Eventualmente, algunas ideas que comienzan como una sola frase, evolucionan a lo largo de varias charlas, hasta convertirse en un tema completo.

Este proceso de descubrimiento no es perfecto, por supuesto. Mis charlas están plagadas de pequeños errores fácticos. Recito fechas, eventos, números y detalles técnicos de memoria y, a menudo, me equivoco. En este libro, los editores han limpiado mis errores de improvisación, mis lapsus lingüísticos y mis tics fonéticos. Lo que queda es la esencia de cada exposición: lo que yo hubiese querido haber presentado en primer lugar, en vez de una simple transcripción de la presentación real. Pero, con esta pulcritud también se paga un precio. Lo que termina faltando, es la reacción y la energía de la audiencia, es el tono de mis frases, las risitas espontáneas tanto de mi parte, como de la gente en la sala también. Por todo eso, será provechoso mirar los videos que están vinculados en el Video Links del libro.

Este libro y mi trabajo durante los últimos siete años versan sobre una temática que va más allá del bitcoin. Estas charlas reflejan mi percepción del mundo, mis ideas políticas y mis esperanzas, así como mi fascinación técnica y mi descarada excentricidad "geek". Todo ello resume mi entusiasmo por esta tecnología y el asombroso futuro que visualizo. Esta visión comienza con bitcoin, un peculiar experimento cypherpunk que está desatando una oleada de innovación, creando "El Internet del Dinero" y transformando radicalmente a la sociedad.

Casi toda la comunidad de bitcoiners y afines a las cadenas de bloques abiertas conocen las contribuciones de Andreas. Además de su trabajo escrito y audiovisual, es un orador público muy solicitado, elogiado por ofrecer constantemente charlas innovadoras, estimulantes y atractivas. Este libro representa solo una pequeña muestra del trabajo de Andreas en el ámbito del bitcoin y de las cadenas de bloques a lo largo de los años. Habiendo tanto contenido, el simple hecho de decidir qué charlas incluir fue una tarea ardua. Seleccionamos estas charlas específicas porque se ajustan a los criterios del libro; fácilmente podríamos haber incluido docenas más. Este libro es el volumen tres de la serie "El Internet del Dinero" y esperamos publicar otro volumen pronto.

Comenzamos con este proyecto de libro con una visión: proporcionar una descripción general al estilo de cuentos cortos y de fácil lectura sobre el por qué es importante el bitcoin y por qué muchos de nosotros estamos entusiasmados con ello. Queríamos algo que pudiéramos compartir con familiares, amigos y compañeros de trabajo que ellos pudieran leer: un compendio que pudieran recoger durante cinco minutos y sin compromisos o explorarlo durante unas horas. Tenía que ser interesante, con analogías del mundo real, para que la tecnología fuera comprensible. Tenía que ser inspirador, con una visión de cómo estas cosas podrían impactar positivamente a la humanidad. Tenía que ser honesto, reconociendo las deficiencias de nuestros sistemas actuales y de la tecnología en sí.

A pesar de nuestros mejores esfuerzos, estamos seguros de que hay cosas que podríamos mejorar y cambiar. Hemos editado mucho en algunos puntos, para facilitar la lectura, mientras siempre tratamos de preservar la esencia de la charla. Creemos que hemos logrado un buen equilibrio y estamos satisfechos con el libro en su conjunto. Esperamos que ustedes también lo estén. Si han leído los volúmenes uno y dos, notarán algunos pequeños cambios en el volumen tres, gracias a los comentarios que hemos recibido de lectores como ustedes. También podrá notarse que (en la versión inglés original), si bien la mayoría de las veces hemos usado la ortografía estadounidense, otras veces hemos usado el inglés británico. Al igual que el estilo de edición de Andreas, nuestro trabajo de edición ha tenido un toque británico. Si tiene comentarios sobre la edición, el contenido o sugerencias sobre cómo podemos mejorar este libro, envíenos un correo electrónico a errata@merklebloom.com [mailto:errata@merklebloom.com].

Consejos para mejorar aún más su experiencia de lectura:

Cada charla está destinada a ser un contenido independiente. No es necesario comenzar este libro desde el principio, aunque si no está familiarizado con el bitcoin, puede comenzar con la primera charla, "Introducción a La Internet del Dinero", para obtener una descripción general del tema.

Encontrará un índice sustancioso al final del libro. Una de las cosas de las que estamos más orgullosos es el índice. Hemos trabajado duro para proporcionar un índice que permitirá el realizar referencias cruzadas e investigar temas y tópicos.

Introducción a La Internet del Dinero

El video original de la presentación de esta charla fue grabado en la Conferencia *Internet Days ("Internetdagarna")* en Estocolmo, Suecia; noviembre de 2017. Enlace del video: https://aantonop.io/IntroTIOM

Tecnologías que Transforman al Mundo

¡Buenas tardes a todos! Es un gran placer estar aquí. Esta es mi primera vez en Suecia y estoy disfrutando de cada detalle de esta experiencia... excepto por el clima. Pero aparte de eso, ¡fantástico!

Es tan grandioso estar en una conferencia sobre Internet, porque recuerdo mi primera conferencia sobre Internet. Eso fue en 1992. Había unas cien personas allí; todos ellos o bien eran informáticos o estudiantes de informática. A pesar de que le anunciamos a todos que el mundo entero estaba a punto de cambiar, nadie nos creyó; al menos nadie me creyó a mí porque tenía 19 años, era torpe y tímido. Pero esa experiencia me enseñó una cosa: me enseñó a confiar en mis instintos. Porque, de hecho, Internet cambió el mundo.

Mi segunda serie de libros la he llamado "La Internet del Dinero". La razón de esto es que la tecnología de la que voy a hablarles hoy está a punto de transformar el mundo en igual medida. También transformará a la misma Internet.

Nuevo Invento, Vieja Narrativa

Bitcoin es una invención que fue lanzada el 3 de enero de 2009 por un creador anónimo. Fue lanzado como un proyecto de código abierto, construido por una comunidad de voluntarios y ejecutado como una red de par-a-par. Y luego fue un proyecto ridiculizado, burlado e ignorado durante los primeros cinco o seis años. Pero ya no tanto.

La gente está comenzando a prestar atención, tal como pasó con la

Internet. Cosas que antes eran impensables ahora son concebibles. La gente empieza a notar que esto se trata de algo más allá de lo que se les ha dicho.

¿Y qué se les ha dicho? Se les ha dicho que esa cosa solo la usan los vagabundos. ¡Traficantes de drogas! ¡Pornógrafos! ¡Criminales!

¿Saben qué? Eso mismo es lo que dijeron en la primera conferencia sobre Internet allá en 1992. Estaban equivocados entonces y están equivocados ahora. Cada vez que conoces a alguien como un dentista o un peluquero que usa bitcoin, esa narrativa tonta se socava un poco más.

Bitcoin es un protocolo, y qué mejor escenario que este para hablar de un protocolo.

¿Qué es el dinero?

En el momento en que empiezas a hablar de Bitcoin y pensar sobre Bitcoin, surge una pregunta muy difícil: ¿qué es el dinero? La mayoría de nosotros no tenemos idea de qué es el dinero o cómo funciona. Es una de esas tecnologías que está tan profundamente arraigada en nuestra cultura que se ha vuelto completamente invisible para nosotros. De hecho, ni siquiera necesitamos pensar en el dinero a menos que éste deje de funcionar. En algunos países, el dinero sí que dejó de funcionar. Y entonces todo mundo tiene cosas interesantes que decir sobre qué es el dinero.

¿Qué es el dinero? En su nivel más básico, el dinero no es un valor. De hecho, usamos el dinero para obtener cosas de valor (productos o servicios), pero no hay valor en los billetes o monedas en sí. El dinero no es un constructo de la autoridad; aunque parece que creemos eso en estos días, porque todo nuestro dinero proviene de ciertas fuentes de autoridad. Un sujeto con una corona les dice "este es tu dinero", por lo tanto, es valioso. Esa es la autoridad de la que proviene.

Pero, ¿Que tal si el dinero pudiera crearse sin una autoridad? ¿Y si pudiera crearse dinero simplemente a partir del uso? Resulta que el dinero lo que viene a ser es realmente un lenguaje. El dinero es un lenguaje que los seres humanos crearon para expresar valor entre ellos. Como lenguaje, es una de las construcciones fundamentales de la civilización que nos permite superar lo que se conoce como el número de Dunbar. El número de Dunbar es el número máximo de personas que pueden operar en una tribu sobre la base de la familiaridad. Si quieres que dos tribus cooperen juntas, necesitas un vínculo común. Estos vínculos han incluido cultura, idioma, religión y dinero; estos vínculos son una construcción fundamental que nos permite superar la escala de una sola tribu y participar en el comercio con otros en una escala mayor.

El dinero también es, irónicamente, un sistema de control. El acto de controlar el dinero confiere un gran poder a quienes ejercen ese control. Como resultado, los reyes y los gobiernos han mantenido un estricto control sobre el dinero, tal como solían mantener un estricto control sobre la religión, y por las mismas razones.

El Dinero Como Data Pura

Ahora eso ha cambiado. El 3 de enero de 2009, el mundo cambió porque algunas personas crearon un protocolo de par-a-par. Crearon una red sin jerarquías, sin servidor central, y esta red es capaz de expresar el dinero como un tipo de contenido.

Como profesionales de la Internet, puede que comprendan lo que quiero decir cuando digo "dinero como tipo de contenido". Me refiero al dinero que se expresa puramente como data y se transmite a través de cualquier medio de comunicación que pueda transmitir información.

Como data en sí, una transacción en bitcoins no necesita transmitirse directamente a la red Bitcoin, aunque esa es una forma conveniente de hacerlo. Podríamos codificarla en emojis de Skype. Puede escribirse y ponerse en un anuncio de Craigslist. Podríamos publicarla en Facebook como fondo de una imagen de gatitos jugando con hilos de tejer.

El dinero ahora se ha convertido en información pura, fluyendo en una red que es simultáneamente inmune a la censura, abierta a todos, neutral y global. No hay fronteras en esta nueva tecnología, al igual que no hay fronteras en Internet.

Todo el mundo puede acceder a Bitcoin porque no es un producto o una empresa. No es necesario registrarse para obtener una cuenta. Simplemente descargamos la aplicación cliente. Tan pronto como descargamos esa aplicación, podemos unirnos a una economía global; un economía global que está abierta a cualquier persona de cualquier raza, religión, credo, etnia, edad y género en el mundo.

Para la mayoría de la gente, este concepto aún no ha sido asimilado del todo. Los niños que nazcan hoy, puede que no conozcan un mundo en el que existen los bancos, un mundo en el que existe el papel moneda, como tampoco los jóvenes que usan nuestra industria de hoy, tienen idea alguna de cómo era el mundo antes de Internet. ¿Cuántos de ustedes aquí recuerdan bibliotecas y buscan tarjetas de referencia?... ¡De acuerdo!, así que tu tienes más de 40 años. Yo también. ¡Te pillé!

Es posible que los niños que nacen hoy nunca conduzcan un automóvil, que nunca tengan un mundo sin Internet; nunca conocerán un mundo en el que los bancos controlan el dinero y sólo lo acuñen reyes o estados nacionales. El dinero será un protocolo integral de la Internet como un tipo de contenido que puede ser transmitido por cualquier persona, en cualquier lugar.

Pero eso no es suficiente. ¡Vamos a hacerlo aún más divertido!

El dinero como sistema autónomo

Hasta ahora, toda forma de dinero tenía que tener una persona detrás. Anteriormente, el dinero solo podía ser propiedad de y ser administrado por personas, o personas juntas que formaban una asociación, una ficción legal llamada corporación. Pero Bitcoin es un protocolo. Puede haber agentes autónomos que usen el dinero para poseerlo y administrarlo ellos mismos. No se requieren personas. Imagínense una corporación sin directores, sin accionistas, sin empleados, que se ejecuta completamente con base al aprendizaje automático programado o tal vez solo con base a unas pocas reglas heurísticas simples, y que opere de forma independiente de cualquier acción humana, administrando presupuestos en cantidades de miles de millones de dólares.

Y en este punto tenemos una división en la audiencia. Algunas personas piensan: '¡Oh, no! Eso suena horrible. ¿Y si es un virus? ¿Qué pasa si se trata de un ransomware inteligente que se auto-propaga y compra sistemas de servicios web de Amazon para que pueda crecer cuando tenga éxito? ¿Qué pasa si comienza a ejecutar pruebas A/B en sí mismo contratando programadores para mejorarlo?'

Sí, todo eso va a suceder. Pero, ¿qué pasa si se trata de una organización benéfica inteligente que detecta la aparición de un desastre natural y luego desvía grandes fondos de forma automática e instantánea directamente a las personas más necesitadas sin intervención humana? Y, a diferencia de la mayoría de las organizaciones benéficas de hoy, el 100% de los fondos donados se destinarían directamente a los necesitados.

El mundo está a punto de cambiar.

¿Autos que se manejan solos? ¿Y qué hay de los autos que se poseen a sí mismos? Automóviles que no son propiedad de una corporación, sino autos que *son* una corporación. Automóviles que pagan sus tarifas de electricidad o gas, mantenimiento y arrendamiento dando paseos a seres humanos que los pagan en criptomonedas.

Imaginen al software como artículos inteligentes que se propagan a través de la Internet como contenido y amplían su alcance porque la gente los lee. Como resultado, pueden comprar más servicios de hospedaje en servidores para poder expandir aún más su alcance.

Dinero Programable

Este no es el dinero de la generación de tus abuelos. Tampoco es el dinero de tus padres. Se trata de dinero que es totalmente programable, codificable y con capacidades que se pueden ajustar con precisión. Podemos especificar quién puede acceder a él y cuándo, y cómo se puede distribuir. Ha surgido un campo completamente nuevo, el de los llamados "contratos inteligentes", que nos permite programar el comportamiento de sistemas completos que también pueden administrar dinero.

"Dinero" es una palabra tan estrecha para describir esto, porque usamos cosas todo el tiempo que parecen dinero pero que en realidad no son dinero. ¿Qué pasa con los puntos de fidelidad, las fichas, las tarjetas de metro, las millas aéreas? ¿Qué pasa con la expresión de un fan de Justin Bieber con acceso completo al catálogo de música, como una muestra? ¿Qué pasa con todas las otras marcas que pueden convertirse en tokens y convertirse en un sistema global intercambiable directamente en Internet a través de este protocolo?

El 3 de enero de 2009 el mundo cambió. Desde entonces, se han creado más de mil otras criptomonedas utilizando la misma receta, casi todas de código abierto. Se están expandiendo en todas las direcciones, explorando todos los nichos posibles de este ecosistema, cada pequeña variación en capacidades y características, creando nuevos mercados, recaudando fondos para miles de empresas emergentes en todo el mundo. Miles de ingenieros y desarrolladores de software se están capacitando para utilizar esta tecnología. La misma Internet está cambiando muy rápidamente. Ahora tenemos agentes autónomos que están utilizando dinero en Internet; estos están, en muchos casos, fuera del control de cualquier jurisdicción.

Las Cadenas de Bloques de la Intranet

¿Qué van a hacer ahora las grandes corporaciones con esta nueva red mágica, abierta, descentralizada, neutral, sin fronteras y resistente a la censura?

Van a decir: "¡Genial! Nos encantaría tenerla pero... ¿Podríamos dejar afuera todo eso de 'abierta', 'descentralizada', 'neutral', 'sin fronteras' y 'resistente a la censura' y empaquetar el producto con un acuerdo de calidad de servicios y una licencia de doce meses con control de accesos?; es decir, control para nosotros, pues". Van a agarrar a la Internet y la convertirán en intranets. Van a elaborar jardines cerrados de contenido aburrido y rancio que será fundamentalmente inseguro y los colocarán en el patio trasero de sus corporaciones, aportándoles un mísero valor agregado. Los colocarán fuera de la participación de la comunidad global, aislados de la ola de innovación que está sucediendo a nuestro alrededor.

Crearán intranets, reclamarán la victoria, darán la vuelta y dirán: "Nosotros inventamos la Cadena de Bloques". Y entonces se equivocarán y fracasarán.

Consenso Distribuido

Lo realmente emocionante de esta tecnología no es una cadena de bloques. Un cadena de bloques es un artefacto de base de datos creado a partir de este protocolo. Y no; la verdadera emoción proviene es de la capacidad de lograr un consenso distribuido entre partes que no confían entre sí, a grandes distancias, sin ninguna entidad central, autoridad al mando o intermediario.

Ese consenso desde el exterior parece caótico, desordenado y extraño. Bueno, todos en esta sala ya conocen algo que es abierto, sin jerarquías, extraño y que las corporaciones no entienden: La Internet. Ya lo hicimos una vez, lo vamos a hacer de nuevo. Esta vez, nos vamos a traer al mundo entero con nosotros.

Revirtiendo la Tendencia de Exclusión Financiera

Tras bastidores de esta gran historia, hay otra historia que está en pleno desarrollo. Después de 25 años de Internet, todavía se necesitan de tres a cinco días para enviar dinero desde aquí a un país fuera de Europa utilizando bancos. Aún nos costará de 30 a 40 dólares enviar ese dinero y eso solo si el país al que lo envían no es un país pobre. Si fuera ese el caso, esa transacción costará mucho más y tomaría mucho más tiempo. Es una red gigante de sistemas corruptos, centralizados y cerrados que están succionándoles el dinero a las personas más pobres del planeta.

En la actualidad, hay entre tres y medio a cuatro mil millones de personas en Internet; sin embargo, solo poco más de mil millones de estas personas disponen de servicios bancarios y pleno acceso a servicios financieros. Imagínense lo que sucedería si le hacemos llegar el acceso a la banca en forma de una aplicación a todos los que tuviesen un teléfono inteligente Android de unos 20 dólares.

Esto va a cambiar el mundo más rápido que la propagación de los teléfonos móviles. Imaginen un teléfono inteligente Android de 20 dólares que aterriza en una aldea de Kenia. Pero ahora ya no es solo un dispositivo de comunicación, es un banco. No una cuenta bancaria, sino un banco. Puede "transferir" y recibir fondos de cualquier persona y de cualquier parte del mundo. Puede hacer préstamos o recibir préstamos para una hipoteca, para comprar semillas para un campo, para llevar ayuda en caso de desastres. Puede conectarse directamente con miles de millones de personas en este planeta, evitando por completo la banca tradicional. Podemos hacer esto en los próximos diez años.

El mundo se transformará radicalmente cuando llevemos la capacidad de una amplia inclusión económica a todos en este mundo. Podríamos pensar que los bancos quieren hacer esto. Estaríamos equivocados. No es realmente rentable atender a personas que tienen poco dinero, poca conectividad, sin acceso a identificación, en países oprimidos con gobiernos terribles. Además, en la mayoría de esos países, los bancos *son* los mismos delincuentes y son organizaciones criminales. O son realmente indistinguibles de la mafia local.

No Vamos a Pedir Permiso

Entonces, ¿cómo arreglamos esto? Hasta ahora, el enfoque para todas estas tecnologías, ya sea PayPal o cualquiera de las otras que hemos visto emerger lentamente entre las tecnologías financieras, era pedir permiso con cuidado y cortesía. Bitcoin no está pidiendo permiso. Nos olvidamos de hacer eso. Y procederemos a (des) bancarizar al mundo entero sin pedirle permiso a nadie.

El protocolo de Bitcoin ahora se está extendiendo. Si este se apagara, cualquier joven de 14 años con una copia de mi libro *Mastering Bitcoin* podría reconstruirlo en un fin de semana, en cualquier lenguaje de programación, y lanzarlo nuevamente con un nuevo nombre. Una y otra vez hasta que lo logremos.

El mundo ahora está conectado. Las finanzas caben ahora en una aplicación y el dinero es ahora un tipo de contenido. Bienvenidos a nuestro nuevo planeta.

Gracias.

Acceso Universal a Servicios Financieros Básicos

El video de la presentación original de esta charla fue grabado en la *Cumbre de Activos Digitales de CryptoCompare* en Londres, Inglaterra; junio de 2019. Enlace del video: https://aantonop.io/UniversalAccess

El Futuro de las Criptomonedas y las Finanzas

Hoy el tema de mi charla es el acceso universal a servicios financieros básicos. Por el momento, nos encontramos en una encrucijada. Estamos teniendo un gran debate sobre el futuro de las criptomonedas y las finanzas. Mucha gente está expresando opiniones muy fuertes, incluido yo mismo. El telón de fondo de todo esto son las personas que no están en esta sala y nunca estarán en una sala como esta.

Servicios Bancarios para los No Bancarizados

En 2013 visité por primera vez el hermoso país de Argentina y di una charla en Buenos Aires. Esto cambió por completo la dirección y trayectoria de mi razón de ser en torno al Bitcoin y a las cadenas de bloques abiertas. Por primera vez, yo no necesitaba explicar el "por qué" del Bitcoin, de las cadenas de bloques abiertas y de la libertad en las finanzas. Todo el mundo estaba interesado en una sola pregunta: ¿cómo tomar parte de ello ahora? Pues el por qué ya era obvio para los argentinos.

Mientras estaba allí, alguien se me acercó y me dijo: "Hoy me has inspirado. Estaba aterrorizado casi al extremo, como para asistir a esta conferencia. Tengo miedo de lo que podría pasar si nuestro gobierno cambia nuevamente. Mis abuelos fueron secuestrados por el régimen anterior. No los vimos durante meses y pensamos que habían sido arrojados de un avión".

Pensemos en esto por un segundo.

Cuando hablamos de inclusión financiera, hablamos de personas bancarizadas y de las no bancarizadas. Pero no tenemos ni idea, desde nuestra posición de privilegios, de lo que esto realmente significa. Lo que dijo ese argentino me conmovió hasta la médula. Todos los años desde 2013, he tenido más conversaciones como aquella. Cuando hablo de estas historias en público, incluso más personas se me acercan y me dicen: "Te escucho, porque esa también es mi historia".

El Significado de "No Estar Bancarizado"

¿Qué significa no estar bancarizado? El Banco Mundial define como no bancarizados a 2.500 millones de personas que no tienen absolutamente ningún acceso a los servicios financieros... y viven en sociedades puramente basadas en el efectivo. Convenientemente, ellos solo cuentan a los jefes de familia. Los cónyuges e hijos no son importantes en este cálculo; sólo importan los asalariados que conforman la principal fuente de ingresos. Sin embargo, sabemos que por lejos, de entre la gran mayoría de los habitantes del mundo, son las mujeres quienes controlan las finanzas diarias del hogar. Pero no se les cuenta como cabeza de familia.

No estar bancarizado no es simplemente vivir en una sociedad basada en el efectivo. No estar bancarizado implica carecer de conectividad con el mundo, carecer de la capacidad de participar en el mercado y el comercio, no poder conseguir un trabajo y no poder encontrar personas que quieran los servicios de estas personas. No tener acceso a servicios bancarios implica una lucha constante para construir un futuro más seguro para sus hijos. Es estar condenado a la pobreza.

Cuando observamos estas condiciones, pensamos: 'No tienen dinero, y es por eso que no están bancarizados' ¡Error! ¡Craso error! Se trata de gente que no tiene el acceso, la documentación o la alfabetización necesaria para completar un formulario de solicitud bancaria. A veces ni siquiera tienen la ropa, el calzado o la apariencia para poder siquiera entrar a un banco, sin que un guardia de seguridad los eche fuera. Eso es lo que significa no estar bancarizado.

El Costo de la Exclusión Financiera

¿Cuál es el costo de esta exclusión financiera? Esto crea una enorme condición de pobreza en todo el mundo, solo para que podamos persistir en esta idea mezquina y burguesa de que mientras cada participante tenga que probar su identidad, podremos rastrear cada transacción que haga a través de este sistema de vigilancia y entonces pondremos fin al crimen. Al creernos esta falsa idea de seguridad a través del control totalitario, condenamos a miles de millones de personas a la pobreza. No solo 2.500 millones, sino muchas más.

Hablamos de inclusión financiera desde la perspectiva del mundo rico y privilegiado en el que vivimos. El mundo en el que yo vivo. Como ciudadano estadounidense, no solo puedo abrir una cuenta bancaria, sino que también puedo comerciar en varias monedas sin restricciones y acceder a múltiples oportunidades de inversión en todo el mundo. Tengo acceso a monedas estables que, con suerte, no se destruirán de la noche a la mañana, llevándose todos mis ahorros con ellas. Tengo acceso a instituciones que, al menos la mayor parte del tiempo, no están robando activamente mi dinero o destruyendo rápidamente la moneda para pagar su deuda a través de la hiperinflación, lo que lleva al colapso financiero. ¿Cuántas personas tienen todo esto? Todos en esta habitación, probablemente.

Pero si tomamos en cuenta a las personas de todo el mundo con acceso a ese nivel de servicios financieros, tal vez solo sean 1.500 millones de personas. Es por esta razón que a partir de 2013, comencé a decir claro y fuerte: "Esto se trata de los otros seis mil millones". Eso es lo que significa la inclusión financiera.

Nuestro sistema regulatorio está excluyendo activamente a las personas de las finanzas. Hemos llegado a un punto en el que el acceso a los servicios financieros básicos se ha convertido en un privilegio. El ciudadano promedio, debe hacerle un baile a los banqueros para demostrar su valía frente ellos, llenando montones de papeles y formularios de solicitud, para que se le otorgue el privilegio de los servicios financieros. Incluso estamos empezando a condenar el efectivo: el último mecanismo que ha existido entre pares iguales, gozando de anonimato y siendo indistinguible y que ha proporcionado servicios financieros básicos a la humanidad durante milenios.

El "Defecto Fatal" del Efectivo

El efectivo tiene un defecto fatal, que no es precisamente que sea anónimo, esa es su característica más importante. No se trata de que pueda ser utilizado por delincuentes, porque los verdaderos delincuentes obtienen una licencia bancaria y defraudan a millones de personas. El efectivo está disponible para todos, sin que sus titulares puedan ser vetados. El efectivo es un sistema transaccional abierto, transparente, verificable, transportable y de igual a igual.

Pero su mayor debilidad es que está limitado por la geografía y la localidad. No tiene suficiente rango y escala.

Ahora tenemos una nueva forma de efectivo digital, que también es abierto, transparente, verificable, transportable y un sistema transaccional de igual a igual. Pero este en cambio no tiene fronteras, es neutral, infalsificable, resistente a la censura y puede usarse incluso cuando el gobierno se oponga a que lo usemos. No requiere privilegios ni identidad. Puede ser utilizado por cualquier persona, en cualquier parte del mundo, simplemente descargando el software en cualquier dispositivo digital al que tengamos acceso. Esa es la verdadera revolución que aquí está sucediendo.

En las naciones ricas, tenemos nuestras pequeñas discusiones privilegiadas sobre si deberíamos regular las criptomonedas, que tanto deberíamos regular las criptomonedas y quién debería regular las criptomonedas, pero... *¡A la mierda!* Las criptomonedas tienen como objetivo proporcionar acceso universal a las finanzas básicas, a cualquiera que lo necesite, en cualquier parte del mundo, nos gusten o no.

¿Qué hará la gente con el acceso universal a servicios financieros? Harán lo que han hecho durante milenios con el dinero en efectivo. Construirán un futuro para sus hijos.

La Política del Miedo

Estamos paralizados de miedo por un manojo de malos actores, ignorando el hecho de que los peores actores tienen privilegios y avales estatales, y que están de la mano de las agencias de inteligencia, infiltrados en los mecanismos del capitalismo de vigilancia. Financian a dictadores y a narcotraficantes de todo el mundo con el dinero de nuestros impuestos, por sumas de billones de dólares.

El terrorismo real y el financiamiento de las drogas no son cosas que ocurren en las cajas chicas o con criptomonedas; sucede a través de millones de barriles de petróleo y transferencias electrónicas en dólares estadounidenses, por parte de bancos que son atrapados una y otra vez. Pagarán una multa que vale una fracción de sus ganancias e ignorarán las decenas de miles de muertes a las que han contribuido. Ni una sola persona va a la cárcel.

Algunas personas todavía tienen el descaro de decir que debemos acabar con el efectivo para detener el crimen. ¡Cuan magnificente rectitud moral autoproclamada! En los Estados Unidos, alrededor del 18% de la población no tiene acceso a servicios bancarios. Eso es casi 60 millones de personas.

Una vez, cuando traje a colación este hecho en una conferencia bancaria, un regulador bancario en la parte de atrás levantó la mano y preguntó: "¿Y por qué deberíamos dar cuentas bancarias a gente ilegal?"

La mera pregunta es escalofriante, pero permítanme traducirla en palabras que tengan el impacto apropiado: "*Esa gente* no se merece el privilegio de la inclusión financiera".

Cuando nuestro vecino dice: "*Esa gente* no pertenece a nuestro vecindario", podría asustarnos. Y es entonces que te das cuenta que estás viviendo junto a un fanático. Pero cuando este regulador bancario preguntó: "¿Por qué deberíamos dar cuentas bancarias a gente ilegal?", Respondí con calma: "No deberías. Nosotros lo haremos". (Además, los seres humanos no son ilegales ni son "gente ilegal.")

El Aspecto de los No Bancarizados

En la última conferencia a la que asistí, después de dar mi discurso denunciando la falta de seguridad y de inclusión financiera, un joven de entre 20 a 30 años se me acercó y me dijo: "Esto realmente ha descrito mi historia personal". Había estado viviendo en países occidentales desarrollados durante los últimos quince años y no había podido abrir una cuenta bancaria.

"Cada vez que escribo mi nombre y mi lugar de nacimiento en una solicitud bancaria, allí mismo el proceso termina. Nací en Irán. Yo no elegí eso. No he hecho nada malo. Tengo un trabajo y pago mis impuestos. Todo lo que quiero es depositar mi sueldo y comprar alimentos. Durante quince años, no he podido hacer eso."

Este es el aspecto de los no bancarizados.

Están paseando por las calles a nuestro alrededor, en esta ciudad privilegiada, el distrito independiente de Londres, comprado y pagado por corporaciones bancarias. Este enclave es el Vaticano del capitalismo, una ciudad dentro de una ciudad. Personas invisibles como conserjes y expertos de diversos servicios que les preparan sus sándwiches y que no tienen una cuenta bancaria. Quizás acepten cheques u otras formas de pago que no pueden depositar. Tienen que convertir estas formas de pago en efectivo, que deben llevar consigo o esconderse. Reciben créditos a través de servicios de préstamos por anticipo al día de pago, con tasas de interés exorbitantes. Se les cobra entre un 10% a un 30% por enviar dinero a sus seres queridos y mantienen un estilo de vida básico de subsistencia.

No se imaginen a las grandes masas de África, América del Sur o del sureste de Asia; por supuesto, muchos de ellos no están bancarizados. Pero los no bancarizados también están aquí. Son tus vecinos. Se ven obligados a vivir en esa posición para que podamos seguir creyendo en la ilusión de que la seguridad viene de la vigilancia totalitaria.

Bancarrota Moral

Esta misma conferencia está siendo patrocinada por una empresa que está difundiendo campañas por valor de millones de dólares que promocionan equipos de vigilancia. Se está promoviendo y se está avanzando en el estado del arte. Estas empresas de vigilancia comparten y venden nuestros datos personales a otras empresas, que luego procesan esos datos a agencias de inteligencia. Esta hermosa vigilancia que se infiltra por goteras, puede eventualmente llegar a algún régimen que disfrute cortando los cuerpos de periodistas con seguetas.

No se engañen: no es posible separar nuestra postura con referencia a una empresa como esa de las implicaciones morales de sus acciones.

Cuando contratemos personas, tomemos en cuenta a las empresas para las que han trabajado. Cuando veamos a una empresa de vigilancia que vende activamente nuestros datos personales al mejor postor en su historial, sepan que nuestro postulante se ha declarado en bancarrota moral (al igual que cuando vemos empresas de complejos de industria militar como General Dynamics, Raytheon y Lockheed Martin en la lista). Mi opinión es que si te declaras en bancarrota moral, deberías pasar al menos siete años luchando por conseguir un trabajo y siendo interrogado sobre tu ética. Estas empresas no deberían ser galardones en los currículums, sino máculas vergonzosas en los currículums.

Los fundadores originales y empleados de estas organizaciones deberían luchar durante siete años, al igual que las personas que se ven obligadas a pasar siete años tratando de demostrarle a un banquero que merecen de nuevo el privilegio de los servicios bancarios después de declararse en quiebra financiera.

Desiciones Morales

Tenemos que tomar algunas decisiones morales muy serias. Nos encontramos en una encrucijada en este momento. Los gobiernos del mundo están tratando de abolir el efectivo, el último salvavidas que le queda a miles de millones de personas. Están tratando de implementar un sistema de vigilancia financiera totalitaria, en la que quedarán excluidos todos aquellos que no se consideren dignos. No es que estas personas sean indignas porque no trabajan; trabajan más duro que todos nosotros. No es porque no merezcan algo mejor. Es por el lugar donde nacieron, la documentación o alfabetización que no tienen y por su apariencia.

En Arabia Saudita, a las mujeres a menudo se les restringe la posesión de propiedades y de cuentas bancarias. Este es el caso de media docena de países en todo el mundo. Miramos eso y decimos: "¡Qué vergüenza! Eso es inmoral. Eso es repugnante". Luego nos damos la vuelta y hacemos lo mismo con los inmigrantes en este país.

Yo soy en parte británico, y en parte estadounidense. Eso significa que en el momento en que llego a docenas de países de todo el mundo, yo debo disculparme. Sé en mi corazón que cada vez que pago impuestos, estoy matando a miles de personas por mediación de terceros y eso me enferma. Pero sigo pagando, porque también estoy ayudando a personas que reciben asistencia de los programas de bienestar social.

La Vigilancia No Detiene el Crimen

Cuando tomemos estas decisiones morales, debemos darnos cuenta que la vigilancia nunca detuvo el crimen. La vigilancia es la licencia que da control a las personas en la parte superior del sistema. Y ellos cometerán crímenes, el peor de los crímenes. Sé que en Gran Bretaña no se usa el sistema métrico, así que me permito aclarar que "mega-" es el prefijo que usamos para millones. Por ejemplo, un mega-crimen es cuando usted embarga de manera fraudulenta un millón de viviendas, dejando a esa gente sin hogar y sin esperanza, sin tener que ir a la cárcel.

Realizamos vigilancia y análisis de datos para atrapar a los pequeños traficantes que venden marihuana por bitcoins, pero ¿quién vigila el proceder de Lockheed Martin? ¿O a los bancos que practican lavado de dinero? Nadie. ¿Saben por qué ninguno de ellos irá jamás a la cárcel? Porque sus reguladores están completamente capturados. Este es un sistema para controlar todas las finanzas desde arriba, con palancas de poder sobre las vidas de millones y miles de millones de personas, que le cierra el grifo a países enteros porque están bajo sanciones. No son lo suficientemente privilegiados, no son lo suficientemente "personas" para obtener servicios financieros.

¿Adivinen a qué tipo de personas les atraen sistemas como estos? Si construyes palancas de poder que puedan ser manipuladas, los peores sociópatas de nuestra sociedad se sentirán atraídos como moscas al excremento. Se apoderarán de esas palancas de poder y destruirán tus libertades lo más rápido que puedan. Y un único proceso electoral equivocado termina siendo el último proceso electoral. Si no me creen, miren lo que ha sucedido en Turquía, Rusia y Venezuela.

Los Otros Seis Mil Millones

Permítanme terminar con una nota positiva, porque probablemente ya estemos un poco asustados por todo esto. Deberíamos estarlo. Esto es algo muy serio.

Ya existen criptomonedas abiertas, públicas, sin fronteras, transparentes, neutrales, resistentes a la censura y privadas. Y no van a ser reguladas; no se les puede regular. No al menos mediante comités, sino únicamente por matemáticas y algoritmos. Proporcionan certeza, gestión de la reputación y protección al consumidor de manera programable. Proporcionan acceso sin necesidad de identificarnos.

Llegará el día en que éstas le darán a miles de millones de personas, no solo una cuenta bancaria en su bolsillo, sino todo un banco. Democratizarán las funciones de la banca, como aplicaciones a las que cualquiera puede acceder sin tener que ser investigado. Las personas son evaluadas previamente simplemente aceptando descargar el software que sigue las reglas del consenso. Este es el único veto que se impone en estos sistemas.

"¡Pero no deberíamos permitir eso!" Ya lo hicimos. "¡Pero no podemos tener gente realizando transacciones anónimas!" Lo harán. "¡Pero debemos regular eso!" No puedes. Y no lo harás.

Seis mil millones de personas necesitan esto. Y nadie tiene la autoridad moral ni la capacidad práctica para interponerse en su camino.

Nadie puede interponerse en el camino de lo que será la mayor revolución en los servicios financieros en los últimos tres siglos. Acceso universal a servicios financieros básicos.

Gracias.

La Medida del Éxito: Precios o Principios

El video original de la presentación de esta charla fue grabado como parte de la *Gira de La Internet del Dinero de 2019* de Andreas. Este evento en específico presentado por El Encuentro Bitcoin de Dublín y el Colegio Universitario de Dublín, en Dublín, Irlanda; mayo de 2018. Enlace del video: https://aantonop.io/MeasuringSuccess

Hasta la Luna y Nuevamente de Regreso

El tema del cual deseo hablar hoy es de cómo medimos el éxito. De cómo medimos el éxito en este espacio, dice mucho de cuales son nuestras metas individuales. Pero también dice mucho de cómo nuestra industria, nuestro ecosistema, nuestro entorno, está cambiando a lo largo del tiempo.

Yo le pregunto a la gente con bastante frecuencia, "¿Cómo medirías el éxito en este espacio?" Bien sea que estemos hablando de Bitcoin o de las cadenas de bloques públicas y abiertas o de otras criptomonedas en general, yo pregunto: "¿Qué significa ser exitoso?, ¿Cuando sabemos que estamos ganando o hemos ganado esta batalla?, ¿Cuando sabemos que esta tecnología ha llegado a buen puerto?" Sus respuestas dicen mucho de la persona con la que estoy hablando. Es una respuesta sumamente personal. La respuesta tonta es "¡Cuando el precio llegue a la luna!" Pero esa no es una muy buena medida del éxito, porque eso no es a lo que deberíamos estar apuntando.

Pero entonces, nuevamente, esa es la razón por la que mucha gente toma parte en estas tecnologías. Mucha gente se involucra en primer lugar porque se anticipan, o han oído decir, de que este es un esquema fantástico para hacerse rico con rapidez. Y entonces ellos descubren durante las próximas angustiosas semanas — o a veces incluso en sólo días — de que éste también puede ser un fantástico esquema para hacerse pobre con rapidez. A medida que se diversifican, se meten en altcoins oscuras de las que han oído hablar recientemente, operan con base al pánico, tratan de reducir sus pérdidas y arruinan toda su inversión. Si has ingresado a este espacio para hacerte rico, puedes tener éxito, pero probablemente no lo tendrás. Esa no es una muy buena motivación.

Promoviendo Comunidades

Afortunadamente, si tenemos una comunidad local fuerte, ¿qué sucede cuando el precio se dispara en el espacio de las criptomonedas? Mucha gente nueva comienza a aparecer en las reuniones con un poco de brillo en los ojos. ¡Sí, puedes decirlo! Están "muy entusiasmados con esta tecnología". ¡No, no lo están! Están muy entusiasmados con la posibilidad de ganar algo de dinero. Tan pronto como el precio cambia (lo que ocurre en promedio justo después de que sube al punto más alto), la mayoría desaparece.

He visto estos ciclos desde 2012. La primera reunión de Bitcoin a la que asistí fue la Encuentro de Bitcoin de Napa Valley. Solo apareció otra persona, Adam B. Levine, y comimos bistec juntos. Desde esa reunión, Adam y yo hemos grabado más de 380 episodios del podcast *Hablemos de Bitcoin* junto con la Dra. Stephanie Murphy y, más recientemente, Jonathan Mohan. Ha sido el podcast de mayor duración en el espacio de Bitcoin. Pero la primera vez que nos conocimos, eran solo dos nerds de Bitcoin en un encuentro.

Avanzando rápidamente hasta aproximadamente un año después, ese mismo encuentro tuvo cincuenta personas que se presentaron semanalmente. Luego, aproximadamente un año después de eso, solo había cinco personas. Si seguimos estas tendencias, notaremos que el interés en nuestra industria fluye y decae según el precio.

Para construir una comunidad, la educación es clave. Enséñale a la gente por qué a ti te interesa esta tecnología. Si puedes educar a las personas sobre la tecnología, incluso si inicialmente se unieron a la comunidad por todas las razones equivocadas, es probable que se queden.

No Entres En Esto Por Dinero

Si ingresaste a este espacio entre octubre y diciembre de 2017 para hacerte rico e invertir dinero, y todavía está aquí, claramente ya no estás aquí por el dinero. Has capeado la tormenta. Estamos al otro lado de esa montaña ahora; las cosas se ven bastante sombrías comparativamente. Si todavía estás aquí, significa que tienes otra motivación. Eso es genial, porque ahora puedes comenzar a hablar con las personas que te rodean, en tu comunidad, sobre por qué todavía estás interesado en esta tecnología y qué es lo que crees que ella hará.

Para mí, las características importantes de las cadenas de bloques públicas y abiertas no tienen nada que ver con el dinero. Tienen mucho que ver con la descentralización de la confianza; se trata de crear entornos abiertos sin fronteras, globales y que puedan crear oportunidades para que las personas se involucren en el comercio sin restricciones. Para mí, se trata de cambiar la arquitectura de una de las tecnologías fundamentales que tenemos en la sociedad: el dinero.

Eso es lo que me impulsa. Tengo esta idea loca de que esta tecnología puede cambiar al mundo. Puedo ver un mundo donde el acceso a esta tecnología cambia la vida de las personas, especialmente en lugares donde hay muy poco acceso a servicios financieros, a sistemas justos y abiertos, o la capacidad de registrar la verdad. Puedo ver un mundo en el que podemos realizar transacciones sin depender de la confianza, expulsar a los intermediarios de cada transacción comercial y deshacernos de los delincuentes organizados que tienen una licencia bancaria y están robando a la gente que no se da cuenta.

Por supuesto, esto no es un gran problema en Irlanda, pero ciertamente es un problema en la gran mayor parte del mundo. Para mí, estas cosas son importantes. Mido el éxito de manera un poco diferente.

El Conflicto de Los Principios y La Adopción Generalizada

Cuando le pregunto a la gente, "cómo mides el éxito con esta tecnología", la respuesta más común que recibo es "adopción generalizada". Por adopción generalizada, dan a entender que la mayoría de las personas a su alrededor están usando la tecnología y/o pueden usarla para comprar algo en una tienda local. Esa es su propia medida de éxito y es una medida de éxito muy común. Esa visión incluye entrar en su tienda local para pedir un sándwich para su desayuno y no tener que preguntar: "¿Acepta bitcoin/ether/litecoin/monero?" Obviamente lo deberían hacer. Así es como la mayoría de la gente piensa sobre el éxito en esta industria. Esto significaría que junto con Visa, Mastercard, efectivo, euros y dólares, se podría pagar en esa tienda local con una de estas extrañas criptomonedas y, lo más importante, es que ya no sería extraño. Ya no serías el bicho raro que sigue preguntando: "¿Aceptas bitcoins?" ¡He estado allí, ya está hecho!

Si hacemos algunas otras preguntas de seguimiento, conoceremos otras medidas de éxito, incluyendo si el sistema mantiene o no sus principios fundamentales. Uno de los principios fundamentales es que estos sistemas deben conducir a un cambio social. La gente debería poder usar las criptomonedas para liberarse de un sistema bancario inflexible, para que poderle "depositar a aquellos que no están bancarizados" o para "desbancarizarnos todos", como probablemente me hayan escuchado decir. Estos principios también tratan de introducir más rectitud en el comercio, otorgando menos poder a las corporaciones y más poder a los individuos.

Estos son objetivos más idealistas para el éxito. Si se detienen por un momento y lo piensan, se dan cuenta de que esos dos objetivos, la adopción generalizada y el mantenimiento de los principios, están fundamentalmente en conflicto.

Si la medida del éxito es la adopción generalizada, entonces el mantenimiento de los principios que guiaron nuestro interés hacia esta tecnología no está ocurriendo realmente. La adopción generalizada implica la adopción por parte de personas que no se preocupan por estos principios, en el caso de la gran mayoría de las personas que te rodean. ¿Cuántas personas aquí se preocupan por la privacidad lo suficiente como para sacrificar algo de comodidad a diario? ¿Cuántas de las personas que conocen utilizan la misma contraseña en todos los sitios web? ¿Cuántas personas aquí nunca compartirían su información privada en Facebook? ¿Cuántas personas conoces, que piensan que Facebook es de hecho Internet y que a duras penas se alejan de ese espacio? ¿Y que votan en función de lo que ven en ese espacio?

El problema es que la adopción generalizada diluye los principios. La corriente principal no comparte tus principios, no comparte tus motivaciones. No eres la corriente principal, eres de los raros a los que les gusta Bitcoin y las criptomonedas. Está bien. Esto no es algo común y es importante que reconozcamos que, cuando tenemos principios que realmente nos importan, aún podemos efectuar un cambio en el mundo incluso cuando esos principios se diluyen a nuestro alrededor.

Una Breve Historia Sobre Linux

Quiero hablar sobre cómo se ve el éxito desde mi perspectiva, habiendo visto un par de tecnologías disruptivas en el pasado que surgieron y luego fueron absorbidas por el uso generalizado. Creo que es importante ver que la medida del éxito no es necesariamente la que crees. No es tan obvio como podría parecer.

Permítanme comenzar haciendo una pregunta: ¿Cuántos de ustedes aquí presentes usan el sistema operativo Linux? Bien. Para aquellos de ustedes que no levantaron la mano... ¡todos están usando el sistema operativo Linux!, ¡Todos los días! Se utiliza en sus teléfonos, aspiradoras, automóviles, ascensores y todos los servidores web que ustedes tocan. Está en los pequeños robots que compraste para tus hijos. Está en tu cortadora de césped. Está en todos los teléfonos Android. Incluso está en Windows ahora.

Pero no es así como empezó. El sistema operativo Linux fue iniciado en 1991 por un estudiante finlandés llamado Linus Torvalds, quien tuvo una idea poco convencional. En ese momento, él era demasiado pobre como para pagar una licencia para uno de los sistemas operativos comerciales similares a Unix, fabricados por compañías como IBM, AT&T y Sun Microsystems, y que se vendían a otras corporaciones poderosas por miles de dólares en tarifas de licencia por anual. Así funcionaba el negocio de los sistemas operativos en ese momento.

Pero este estudiante finlandés tuvo una idea. El pensó: '¿Qué pasa si escribo mi propio sistema operativo?' En este punto, debes darte cuenta de lo ridícula que era esa idea, en muchos niveles. El sistema operativo Unix que AT&T creó en la década de 1960, en aquel entonces como Bell Labs, y luego construido por estas corporaciones gigantescas, es el sistema operativo que ejecuta el programa espacial y las bases de las plataformas de todos los bancos. Este es un software de sistema operativo comercial serio y resistente. Sin embargo, este joven dijo: "Déjame escribir el mío".

La mayoría de las personas que lo rodeaban lo trataron exactamente como lo haríamos nosotros si nuestro primo, de repente dijera: "¡Voy a construir mi propio cohete y colonizaré Marte por mi cuenta!" Todo el mundo diría: "¿Ah Sí? Está bien..." Y, sin embargo, él lo hizo de todos modos.

Tres o cuatro años después, descargué una versión alfa (pre-beta) de ese sistema operativo desde el servidor de archivos de su universidad, desde su directorio personal, en doscientos disquetes floppy, y lo instalé en mi propia computadora personal. Apenas funcionó, pero estaba eufórico. Yo, como estudiante, tenía un sistema operativo Unix en una computadora personal que yo podía controlar. Lo mismo que tenían en la universidad e igual de poderoso.

Él había organizado un grupo de programadores y lo había construido. Pero, ¿de qué sirve un sistema operativo que sea completamente abierto, gratuito para que cualquiera lo use e innove, para sistemas tan pequeños como microcontroladores integrados o tan grandes como las supercomputadoras más grandes del planeta? Se diría que el éxito ocurriría si todas las corporaciones lo usaran; el éxito ocurriría si cerramos a todas esas otras empresas de sistemas operativos. El éxito ocurriría si nadie volviera a pagar por un sistema operativo como ese.

Realidad Vs. Expectativas

En esas medidas, irónicamente, ¡Linux tuvo éxito en todas esas cosas! AT&T ya no fabrica sistemas operativos, IBM ya no fabrica sistemas operativos, incluso Microsoft ya no fabrica sistemas operativos que funcionen. Y ahora son compatibles con Linux, su mayor enemigo. Linux ahora ejecuta todo, desde la computadora Raspberry-Pi más pequeña que puede comprarse por $30 y usarse para ejecutar su sistema de riego en su jardín, hasta cada una de las 100 mejores supercomputadoras del mundo. Todos ejecutan Linux. Linux está en todas partes.

Y, sin embargo, si pensáramos que la adopción generalizada significaba que tu madre o tu tío usaran Linux (y supieran que están usando Linux)... en esa medida, fracasó. Nadie sabe que lo están usando. No tiene marca. Prácticamente nadie lo usa en su escritorio, aparte de algunos bichos raros: yo y otros en la audiencia. ¿Quién usa Linux en su escritorio? Bueno. Si. Ya puedes ver la correlación, ¿verdad? Así es como te atrapan. Es una droga de entrada. Empiezas con Linux en el escritorio y finalmente estás en un anfiteatro lleno de bichos raros de las criptomonedas. Es una pendiente resbaladiza. *La audiencia se ríe.*

La medida del éxito no es la adopción generalizada. No se trata de una adopción generalizada de la forma en que crees que es, donde todos saben que esto es parte de su vida. Es una medida de éxito mucho más sutil.

Linux les dio a todos la opción de ejecutar un sistema operativo que es extremadamente poderoso; las personas tienen la libertad de ejecutarlo sin siquiera saber que lo están haciendo porque está en su termostato. Pero tener un sistema operativo gratuito y de código abierto también significa que cualquiera puede construir un termostato y comenzar una empresa que construya termostatos mientras usa un sistema operativo extremadamente poderoso, de múltiples subprocesos y robusto que tiene millones de controladores diferentes para diferentes piezas de hardware.

Eventualmente, cada pieza de hardware del planeta se puede utilizar con este sistema operativo. Está abierto y todo el mundo está innovando a su alrededor. Rompe el monopolio de las grandes empresas y da esa libertad de elección a todos. Se ha generalizado hasta el punto en que las personas ya no saben que lo están usando.

El Éxito de la Internet

Iré un poco más atrás y hablaré sobre lo que significa medir el éxito de la Internet. La mayoría de las personas en esta sala son demasiado jóvenes como para recordar una época anterior a la Internet. Yo estuve ahí; No solo lo recuerdo, sino que crecí en un país donde no teníamos computadoras en mi escuela.

Compré mi propia computadora a los 10,5 años. Bueno, mi madre me compró mi propia computadora cuando tenía 10,5 años (gracias, mamá). Más tarde, me uní a la Internet subrepticiamente a través de una cuenta que legalmente no era de mi propiedad, porque era una cuenta de una universidad local. En ese momento yo tenía 14 años. Dejando de lado los detalles, el estatuto de limitaciones y todo eso... Me conecté a Internet y me abrió a todo este mundo.

De repente me di cuenta de que si conseguías que las computadoras 'conversaran' entre sí y pudieran colaborar usando protocolos abiertos, este increíble flujo de información podría comenzar a ocurrir. Empecé a decirles a todos a mí alrededor que Internet cambiaría nuestras vidas y nadie me creyó.

Si me hubieran preguntado en ese entonces cuál era la medida del éxito de la Internet, hubiera dicho: "Todo el mundo lo usa. Pero no solo eso, es que rompemos la espalda de los editores monopolistas como el New York Times, el London Times, y los imperios de la radiodifusión. Alteramos el flujo de información de los gobiernos a los ciudadanos, especialmente los regímenes dictatoriales despóticos que censuran a sus residentes. El éxito es dar acceso a la información a personas que nunca antes la habían tenido. Tal vez un día, un agricultor en Vietnam con un dispositivo móvil podrá leer un artículo escrito por un estudiante alemán sobre los últimos avances en agricultura". Yo pude imaginar todos estos escenarios.

¿Y si cambiamos la medida del éxito? ¿Qué pasaría si definiéramos el éxito como tener una red descentralizada muy poderosa que nos diera a todos acceso a la información? Según esa medida, la Internet ha fracasado. Un par de miles de millones de personas solo conocen Internet como un jardín cerrado y curado llamado Facebook que les brinda información cuidadosamente filtrada, administrada por algoritmos de inteligencia artificial, para reforzar sus creencias existentes y ajustar sus receptores de dopamina para que compren más mierda de plástico. Claramente, esa no es la visión ciberpunk del futuro que esperábamos.

Al mismo tiempo, la Internet está altamente centralizada en torno a algunos cuellos de botella muy importantes, sobre los que se ha impuesto toda una infraestructura de vigilancia. Toda esa información es absorbida, procesada en grandes cantidades y se convierte en una panóptica. Suena como una pesadilla distópica. Según esta medida de éxito, la Internet ha fracasado. No ha logrado brindar libertad.

¿Qué nos está brindando? Está brindándonos un nuevo conjunto de magnates de los medios para reemplazar el conjunto anterior, sin cambiar la arquitectura. Yo no quería reemplazar a Murdoch por Zuckerberg. Esto realmente no resuelve ningún problema. El objetivo es: cambiar la arquitectura de acceso a la información.

Si te enfocas en eso, podrías pensar que la Internet ha fracasado. Pero no lo ha hecho, porque no solo está hecha de Facebook. ¡La Internet también está hecha de redes en malla, de redes de retransmisión, de la web oscura, de redes peer-to-peer y de Bitcoin! Internet también permite comunicaciones inalámbricas enviadas a Corea del Norte, permite que WikiLeaks, denunciantes, periodistas ciudadanos y blogueros, desafíen a los gobiernos al revelar información que quienes están en el poder no quieren que se revele. Podemos elegir qué Internet usar. Mucha gente en esta sala está optando por utilizar la otra Internet; la Internet libre, descentralizada y abierta.

Si miras el panorama general, podrías decir que fallamos. Si miras más de cerca, notarás que hay un motor de libertad y elección ahí mismo. Todavía es capaz de dar a luz estas increíbles innovaciones que son inesperadas, radicalmente disruptivas e imparables, como Bitcoin. Todavía es capaz de hacer eso.

Entonces, ¿Internet es gratis, abierta y descentralizada, o no lo es? Es ambas cosas. Depende de sobre qué parte estés hablando. Ella ha logrado todos sus objetivos, incluso cuando una gran parte de la población no adoptó esos principios y simplemente reemplazó a los viejos magnates con nuevos magnates para que les entregasen mierda muy filtrada, como gotero a través de la televisión.

Para algunos, nada cambió. Y todo cambió para otros.

Monedas Corporativas

La gente me pregunta si creo que las grandes corporaciones o los gobiernos van a iniciar sus propias criptomonedas, y si podrían vencer a las cadenas de bloques públicas y abiertas como Bitcoin y Ethereum reemplazándolas por cadenas de bloques privadas cerradas. Esa es básicamente la misma pregunta sobre cómo tu mides el éxito. ¿Qué significa volverse popular? ¿Qué significa vencer a las cadenas de bloques públicas y abiertas en este juego?

Digamos que Facebook lanza su propia moneda: FaceCoin. Eso suena terrible. De todos modos, lanzan su propia moneda. La miras y te haces las cinco preguntas básicas: ¿Está abierta? ¿Es neutral? ¿No tiene fronteras? ¿Está descentralizada? ¿Es resistente a la censura?

¡La respuesta es no, no, no, no y no! Está cerrada, limitada/controlada por jurisdicciones, no es neutral, absolutamente centralizada y censurada porque debe serlo. Por lo tanto, no cumple con ninguno de los criterios de una cadena de bloques pública y abierta que nos importe. No cumple ninguno de los principios que nos importan.

Quizás el gobierno irlandés, a través del banco central, libere la ÉireCoin. ¿Es abierta, sin fronteras, neutral, resistente a la censura o descentralizada? ¡No, no, no, no y no! Es lo que llamamos moneda digital de banca central, es decir: traje nuevo, ¡la misma mierda!

¿Cómo lidias con estos fenómenos? Si ves la adopción generalizada como una medida del éxito, ¿qué crees que será más popular: el Bitcoin gratuito, abierto, neutral, sin fronteras, descentralizado o una FaceCoin centralizada y cerrada? En Bitcoin, no hay servicio al cliente al que llamar. No, lo siento, este es un futuro libre y descentralizado. Tus llaves, tus monedas y ningún servicio al cliente. Nada es reversible. Una gran libertad conlleva a una gran responsabilidad.

¿No es eso lo que querías? "No, eso no es lo que queríamos. Lo que queríamos era FaceCoin, donde cada vez que haces cien transacciones, obtienes una pequeña estrella morada. Si recolectas cinco estrellas moradas, ¡obtienes un Frappuccino gratis en Starbucks! Todo lo que tengo que hacer es vender mi alma y toda mi privacidad y convertir a Zuckerberg en el rey del universo". Eso no parece ser el plan ciberpunk original.

Si la medida del éxito es hacerse popular, tengan en cuenta que una gran cantidad de la tendencia popular está mucho más interesada en usar los puntos de recompensa de lealtad de ÉireCoin, FaceCoin o alguna otra moneda basura que esté centralizada y controlada. No seguirán tus principios.

Eso significa que, en muchos casos, el bodeguero local no aceptará tus bitcoins incluso si aceptase FaceCoin, AppleCoin o cualquier otra mezcla corporativa que sea creada.

Tenemos que entender que habrá sistemas cerrados y centralizados. Esos sistemas debutarán siendo más rápidos y económicos. No derrotaremos a PayPal o a Visa, no cambiaremos el sistema bancario, haciendo lo que ellos hacen, convirtiéndonos en ellos mismos pero solo que "más raros". Tenemos que darnos cuenta de que en países como Irlanda, donde el sistema bancario y las redes de pago funcionan bien en su mayoría, la necesidad de una moneda descentralizada como esta no existe. Todavía no necesitas bitcoins.

¿Quién Necesita Bitcoin?

Pregúntele a un venezolano si necesita bitcoins; la respuesta es sí. A alguien de Argentina, Brasil, Ucrania, Grecia, Chipre... ellos lo necesitan. Gente que vive bajo gobiernos despóticos y dictaduras, gente que está luchando contra revoluciones, gente que está lidiando con controles de divisas y bancos corruptos, gente que no puede comerciar internacionalmente. Las personas que no tienen la documentación suficiente para abrir una cuenta bancaria, las personas que intentan transmitir dinero a sus familiares a través de fronteras en zonas de conflicto... lo necesitan. Necesitan algo que sea gratuito, abierto, sin fronteras y resistente a la censura. Lo necesitan para los contratos inteligentes, la privacidad y la propia moneda.

Puedes comprar pescado y patatas fritas con el euro. No necesitas usar bitcoin para hacer eso. Si la adopción generalizada significa adaptarse diluyendo masivamente los principios, entonces perderemos el juego. Esa no es una medida del éxito, es una medida de fracaso.

Mantengamos los Principios

Para mí, la medida del éxito es mantener los principios: permanecer libres, abiertos, descentralizados, neutrales y resistentes a la censura, al mismo tiempo que nos hacemos disponibles para las personas que necesitan esto en todo el mundo. Esa es mi medida del éxito.

Esa medida del éxito es muy diferente de lo que vemos a menudo en nuestra industria. Como habrán notado, en los últimos dos años, han aparecido una gran cantidad de dinero nuevo y nuevas soluciones a la medida, en el espacio de las criptomonedas. Y puede que prediquen con el ejemplo, pero no quieren cambiar la arquitectura del sistema financiero. No quieren romper los monopolios, aplastar los cárteles, allanar el acceso abierto a los sistemas financieros o dar inclusión económica a tantas personas como sea posible. *Simplemente quieren reemplazar la capa anterior del 1% superior con ellos mismos.* Piensan, 'La arquitectura está bien si yo estoy arriba'. Es probable que no compartan nuestra medida del éxito.

La Capitalización del Mercado es una Métrica Terrible

Otra medida (muy perniciosa) del éxito que se ve comúnmente en nuestro espacio es la capitalización del mercado. ¿Cuántas personas han escuchado o visto ese término en relación con el bitcoin, el ether u otras criptomonedas? ¿Cuántas personas han oído hablar del índice de dominancia? El 'Dominance Index' es un porcentaje de la capitalización total del mercado de todas las criptomonedas, a favor del bitcoin.

He aquí por qué esta no es una buena métrica y por qué no deberíamos buscarla en ninguna de las criptomonedas. La capitalización del mercado nos dice cuál es la criptomoneda más rica. Puedo garantizarles que habrá criptomonedas más ricas, más grandes y más ampliamente aceptadas que el bitcoin. Es muy fácil hacer eso, todo lo que tienes que hacer es sacrificar los principios. Puedes hacer algo que sea barato, rápido, centralizado, controlado y censurado. Entonces puedes inyectar dinero en ello y hacerlo popular. FaceCoin será más grande que bitcoin. FedCoin será más grande que bitcoin. ¡Demonios!, Ripple puede ser más grande que bitcoin pronto. En última instancia, se trata de cambiar la arquitectura de las finanzas, al menos para mí.

¿Qué tienen los bancos que nosotros no? ¡Dinero! ¿Cuál es la peor forma de medir el éxito en nuestra industria? Midiendo quién tiene la mayor cantidad de dinero. Bueno, ya perdimos ese juego contra los bancos, ellos lo tienen todo. Lo imprimen de la nada y controlan el proceso de creación. Toda su industria va en busca de ingresos. ¡Por supuesto que tienen dinero!

Lo que no tienen es creatividad, innovación, moralidad, sostenibilidad y un plan sobre cómo rayos librarse de la flexibilización cuantitativa. No tienen ninguna de esas cosas, pero tienen mucho dinero. Si realmente quisieran arruinar una industria incipiente y disruptiva, ¿qué mejor manera de confundir por completo a todos, que persuadirlos de que la medida del éxito es el combustible del status quo? "Mediremos esta nueva y disruptiva industria con la métrica en la que ya tenemos éxito: ¡el dinero!"

Ser la mayor criptomoneda no vale nada, si debemos sacrificar ser la criptomoneda gratuita. Si sacrificas la libertad, la descentralización y la neutralidad para convertirte en el más grande, todo lo que has hecho es recrear el status quo, pero reemplazando a las personas que están en la cima. Para mí, eso es una medida de fracaso.

La Medida del Éxito es la Libertad

Bitcoin no va a ser el más grande. Especialmente por lo difícil que es cambiar su sistema, (lo cual es una gran característica, porque todos están tratando de cambiarlo en este momento), y eliminarle estos molestos principios de libertad.

Lo que espero no es que nosotros, la comunidad bitcoin, seamos los más grandes, sino que tengamos el sistema de comercio más libre, inclusivo y abierto del planeta. Si eso significa que no vamos a ser los más grandes, ¡lo aceptaré! Si quieres ganar, si te preocupan los principios, si todavía estás aquí después de la caída de los precios y realmente quieres que esta tecnología tenga éxito, lo más importante que tienes que hacer es tener una perspectiva clara de lo que es la medida del éxito.

La medida del éxito es la libertad.

¡Gracias!

Libre en Vez de Libra: El Proyecto Blockchain de Facebook

El video original de la presentación de esta charla se grabó como parte del *The Internet of Money Tour 2019* de Andreas. Este evento específico fue organizado por el Scottish Blockchain Meetup en Edimburgo, Escocia; junio de 2019. Enlace del video: https://aantonop.io/LibreNotLibra

La Gran Pregunta

Creo que probablemente todos estén pensando en lo mismo. Ustedes tienen una gran pregunta que hacer. Sentí que no podría hacer el resto de mi gira de conferencias sin abordar esta cuestión candente. Hoy me bombardearon en Twitter con la misma pregunta: "¿Has probado los haggis?" (Haggis: asaduras de oveja, plato típico escocés)

La respuesta es: "No; ¡Estoy demasiado asustado!". Cometí el error de leer sobre cómo se elabora el haggis antes de probarlo. Me han dicho que hay que hacerlo al contrario, pues así da mucho menos miedo. Estoy tratando de armarme de valor. Me han dicho que la mejor forma de comerlo es en una hamburguesa. No sé si eso es realmente cierto. ¿No? Bien. Hay un gran desacuerdo en la sala.

A la cuenta de tres, todos aquellos a favor de la hamburguesa haggis, levanten la mano. ¿Nadie? ¡Bueno! ¿Haggis para el desayuno? *La audiencia aclama.* ¿Hay otras versiones que yo deba probar? *Un miembro de la audiencia grita "¡Haggis en tostadas!"* Haggis en tostadas es lo que debería probar entonces. ¿Qué tal un haggis patrocinado por una empresa que finge ser de "haggis abierto"? ¿Y fue lanzado esta mañana? *Todos se ríen.*

Hablemos del elefante que hay en la sala: Libra. Probablemente hayan escuchado que esta mañana Facebook anunció su propia criptomoneda, Libra. Para muchas personas, la idea de que

Facebook ingrese a las criptomonedas da miedo.

Cada vez que los principales medios de comunicación informan que el precio de bitcoin se ha desplomado, recibo llamadas de amigos y familiares que me preguntan si estoy bien. "¿Estás bien? ¿Está todo bien?" Pero hoy recibí una llamada de la madre de un amigo. Ella me preguntó si estoy bien ¡Y el precio ni siquiera ha bajado! El solo hecho de que Facebook lanzara una criptomoneda condujo a la pregunta de "¿Estás bien?; ¿Cómo lo estás sobrellevando?". "¿Necesitas que te saquemos de Europa en un vuelo de emergencia?" ¡Que ninguno se preocupe!, estoy bien. Todos estamos bien.

El Documento Técnico de Libra

Hace algunos años mencioné que Facebook lanzaría su propia moneda. Esperaba que algún día viésemos esto suceder. Y hoy es ese día; ahora está sucediendo. Pero, ¿qué sucedió exactamente?

Esta mañana, Facebook publicó un documento técnico. No lanzó una criptomoneda. No lanzó una red. Ni un proyecto. Ni siquiera una aplicación. Solo un documento técnico. Todo el mundo se está volviendo loco porque escribieron un documento técnico. Pero hay un largo camino entre un documento técnico y una red en producción, disponible para dos mil millones de usuarios y envuelta en una interfaz al estilo de Farmville con colores acaramelados.

Cuando ellos publicaron su documento técnico, algunas personas se emocionaron mucho. ¿Cuántos de ustedes leyeron el documento técnico? ¡Excelente! Bastantes de ustedes. Les voy a ser honesto, yo solo le eché un breve vistazo. Ha sido un día ajetreado. Recibí un montón de llamadas de periodistas que querían hablar de ello. No estoy preparado para hablar de ello desde una perspectiva tecnológica; Necesito más tiempo para estudiarlo. Así que, en lugar de hablar sobre lo que Libra planea implementar, quiero hablar sobre lo que ha cambiado.

Todo cambió esta mañana.

Ya sea que Facebook pueda o no poner a Libra en producción, esto lo cambia todo. El mero hecho de que este documento técnico se haya publicado acaba de fijar un nuevo estándar. Facebook acaba de revelarse temerariamente. Silicon Valley está decidido a ir tras el negocio de la banca, a lo grande. Predijimos que esto podría suceder. Mucha gente pensó que el primero sería Amazon. Pero resultó ser Facebook, lo cual es mucho peor de lo que nadie se había imaginado.

Este documento técnico es resultado de la colaboración de alrededor de unas veinte empresas. Tengo la sensación de que crearon un laboratorio de innovaciones bajo un formato de incubadora y a la vez de caja de arena de pruebas, reunieron entre treinta a cuarenta personas brillantes, los encerraron en ese laboratorio, les deslizaban pizzas por debajo de la puerta, hasta que por fin salió el documento técnico. A primera vista, el documento técnico es realmente impresionante, en términos de su visión tecnológica.

Estas personas van muy en serio. Parecen estar muy bien informados sobre lo que estamos haciendo en el espacio de las criptomonedas y de las cadenas de bloques. Eligieron selectivamente algunas características de las mejores criptomonedas y se han puesto a la par de la vanguardia tecnológica, para proponerse avanzar un poco más allá. Y ellos han sintetizado todo ello en algo que suena bastante impresionante desde una perspectiva tecnológica.

Libra ha tomado ideas de Ethereum, como lo es la máquina virtual para la ejecución de contratos inteligentes bajo el paradigma del gas. Un árbol de estados de Merkle que se puede incorporar a "Cordilleras de Merkle" (del Merkle Mountain Range desarrollado por Peter Todd) o al árbol de estados de Ethereum. Una moneda digital incorporada o intrínseca. Una red federada de validadores bajo el paradigma de prueba-de-autoridad, similar a Ripple o EOS, cosas que se parecen a ciertos tipos de cadenas de bloques pero no tanto. Su algoritmo de consenso no es exactamente nuevo. Es un algoritmo de consenso tolerante a fallos bizantinos, que no es el algoritmo de prueba-de-trabajo, pero dicen que quieren moverlo a prueba-de-colaterales. Hay algunas cosas muy interesantes en el documento técnico. Amalgamaron todos estos componentes y crearon algo que es impresionante desde una perspectiva tecnológica.

Pero es algo impresionante debido a quién lo hizo, no por lo que realmente se hizo. Si yo hubiera publicado ese documento técnico con el apoyo de un grupo de colaboradores, todos lo hubieran ignorado. "Está bien, hay otra cadena de bloques..." Pero cuando una empresa con dos mil millones de usuarios hace eso, la gente entiende que esto podría tener un gran impacto. Ahora veremos si esta idea sobrevive a su primer contacto con los gerentes corporativos de Facebook.

¿Sobrevivirá La Visión a Su Comercialización?

Por el momento, este es un proyecto incubado. Es idealista. Es bastante agresivo en su visión. Está enfocado en ser descentralizado, un poco ahora y luego aún más en el futuro. Pidiendo permiso por ahora, y libre de permisologías en el futuro. Con prueba-de-autoridad por ahora, y con prueba-de-colaterales en el futuro. Una visión muy progresiva y agresiva.

Pero esa visión se dirige directamente hacia un grupo de licenciados en administración de negocios (MBAs) y de abogados, en el cuartel general de Facebook. Será realmente interesante ver qué parte de esta visión sobrevive, si es que sobrevive alguna, hasta su entrada en producción. Eso determinará lo que sucederá a continuación. Si esta visión sobrevive hasta su comercialización, podría ser muy exitosa y una gran fuente de ingresos. Entonces los expertos en negocios se emocionarán mucho.

Algunas cosas del documento técnico son bastante sorprendentes. Por ejemplo, el uso de una asociación para segregar el proyecto de Facebook y la promesa de no usar la información del perfil de usuario en nuestras cuentas de Facebook.

¿Tienen ustedes una cuenta de Facebook personal? Les aseguro que yo no. ¿Será que llegarán a usar esas cuentas para el fomento de la moneda? Eso sería un no-señor-para-nada, ¿verdad? Por el momento, ellos dicen que la información no será compartida ni se utilizará para la vigilancia. No se utilizará para ninguno de estos...

Una notificación del teléfono celular de Andreas interrumpe la charla. ¡Oh! ¡Esperen un segundo! Lo siento. *Andreas mira su teléfono y comienza a leer en voz alta con la tónica de un abogado.*

"Le estamos enviado este correo electrónico de suma importancia, para notificarle sobre los cambios en nuestros términos y condiciones de servicio. Por favor lea cuidadosamente las siguientes 600 páginas de términos leguleyéricos para comprender cómo hemos eliminado completamente el debido proceso a su favor y usurpado su privacidad. ¡Muchas gracias! - El Equipo de Facebook."

¡Vaya! Ese correo electrónico me llegó desde el futuro. O más bien, temo que un correo electrónico como ese nos sea enviado en el futuro.

Esas promesas progresistas van a cambiar en el justo momento en que todo esto tenga éxito. Si crees que estoy bromeando, mira lo que pasó con WhatsApp. Los fundadores de esa empresa comenzaron con el mismo tipo de visión idealista. Pero después que fueran adquiridos por Facebook, los fundadores terminaron saliendo en protesta, renunciando a cientos de millones de dólares en opciones sobre sus acciones. **No vayan a usar WhatsApp si son ustedes disidentes, activistas o políticamente operativos.** Si la confidencialidad de sus comunicaciones puede marcar la diferencia entre la vida y la muerte, o si ustedes están entre las millones de personas que han marchado en Hong Kong esta semana, no vayan a usar WhatsApp.

¿Sucederá algo similar con Libra y su visión idealista? Voy a ser en esto un poco cínico. Creo que las grandes corporaciones tienen una tendencia a tragarse la innovación, arrancar las partes disruptivas y a escupir de regreso algo esterilizado de manera segura. Algo que será lucrativo y que explotará a sus usuarios siempre que sea necesario, porque ellas tienen que hacer dinero por el bien de sus accionistas. Pero ya veremos. Quizás esta vez sea diferente.

Desde una perspectiva tecnológica, hoy se publicó un documento que describe una visión progresiva y agresiva de una criptomoneda impulsada por Facebook. Eso es todo.

El Problema de los Tres Cuerpos

Pero la visión tecnológica del documento no es la razón de por qué esto lo cambia todo. Lo cambia todo porque ahora hay un problema de tres cuerpos. Antes de este anuncio, la industria se veía principalmente como la interacción entre dos fuerzas principales: por un lado, tenemos el dinero "fiat" de los estados nacionales, como lo llamamos burlonamente en el espacio criptográfico; y por el otro lado, teníamos el dinero del pueblo, una criptomoneda abierta y sin fronteras para que todos la usaran.

Estas dos fuerzas orbitaban y se presionaban mutuamente. En este momento, las criptomonedas son un montón de pequeños asteroides. Fiat es un gran planeta lleno de formas de vida muy exitosas, que miran hacia el cielo y se preguntan: "¿Qué es esa cosa brillante? Parece que se hace más grande". Ya sabes, la experiencia de los dinosaurios. "No te preocupes, es una linda lucecita. ¡Mira qué bonita se junto al atardecer!" "Oh, se sigue mas grande..."

Resolver el problema de dos cuerpos desde una perspectiva política, el tratar de averiguar qué sucede cuando los estados nacionales y las criptomonedas abiertas chocan, es ya bastante complicado. No sabemos la respuesta porque las naciones se están posicionando de diferentes maneras. Algunas entran en pánico y las prohíben por completo. Según los informes, China ya ha intentado prohibirlas en numerosas ocasiones hasta ahora. Todos, intentos fallidos. India las ha prohibido, en cierto modo, dos veces. Ecuador fue uno de los primeros en prohibirlas por completo.

Sin embargo, en muchas naciones avanzadas, las criptomonedas han prosperado. En lo que llamamos sociedades libres, la idea de prohibir una moneda privada es constitucionalmente problemática. Tanto la Constitución de los Estados Unidos como la constitución del Reino Unido protegen la libertad de...

¡Ah pero caramba! Si es cierto que ustedes no tienen constitución... *Andreas sonríe y el público ríe.*

La Carta Magna, esa sí, protege la libertad de expresión. Y la libertad de expresión se aprecia en las sociedades libres. El dinero es una forma de discurso político. No es tan fácil prohibir las criptomonedas, al menos en las sociedades libres.

Monedas Corporativas

Pero hubo mucha tensión esta mañana, con una gran discusión en Twitter en la que me involucré de mala gana. Se trataba de si la Libra de Facebook era o no una criptomoneda.

Hagamos una encuesta rápida. Todos aquellos que digan que sí es una criptomoneda, levanten la mano. *Aproximadamente 30 personas levantan la mano tímidamente.* Todos los que dicen que no, levanten la mano. *Alrededor de 25 personas levantan la mano, con más valentía.* Todos aquellos que aún no se hayan decidido, levanten la mano. *Casi todo el mundo levanta la mano, el público se ríe.*

Sí, ya sé que esta encuesta no tiene sentido.

No tiene sentido porque la Libra de Facebook es algo nuevo. Es una moneda digital corporativa. No hemos visto monedas corporativas desde las guerras del opio, el feudalismo medieval y los Médicis. Cuán apropiado es que con el amanecer del neo-feudalismo corporativo, uno de los estados corporativos líderes, la supra-nación de Facebook, esté lanzando su propia moneda.

Las cosas se van a poner muy interesantes por varias razones. Ahora tenemos un juego atascado con tres competidores. Ahora se trata del dinero de las corporaciones, del dinero del pueblo y del dinero de los gobiernos.

Los tres co-existirán. Ninguno de ellos se marchará pronto. De hecho, se incorporarán más. Se han abierto las puertas. Facebook es el primero de los FANG (juego de palabras, del inglés, "fangs" es "colmillos"); el resto está comenzando a asomar sus colmillos y listos para atacar. Los FANGs, si no lo sabían, significa Facebook-Amazon-Netflix-Google... y las compañías tecnológicas de mil millones de dólares o más de Silicon Valley. También existen Twitter, Uber y Airbnb, pero no encajan bien en ese acrónimo.

Silicon Valley Viene Tras la Banca

Silicon Valley viene por los bancos, de una manera que nunca antes había sucedido. Los banqueros se han sentido muy cómodos hasta ahora. En 2014, hablé con ejecutivos bancarios en una conferencia en Zúrich y les dije: "Escuchen. En lugar de contratar consultores de blockchain para mostrarles cómo cuadrar un círculo, deshacer la disrupción y pretender que ustedes también hacen blockchain, deberían contratar a un ex-ejecutivo de la industria de la música. Pregúnteles cómo se sintió cuando la Internet llegó a su industria. ¿Cuándo se dio cuenta de que no podía hacer nada al respecto? ¿Cómo se sintió cuando comenzó a perder contra Apple? y pregúntenle ¿Qué habría hecho de otra manera?"

¿Adivinen qué? Los bancos tuvieron más de diez años para resolver esta mierda. Tenían más de diez años para descubrir cómo manejarían las monedas digitales. La industria de la música debería haber hecho un trato con Napster; en cambio, lucharon con uñas y dientes y entregaron la industria a Apple. Los bancos deberían haber hecho un trato con bitcoin cuando era el tierno bebé dragón de las criptomonedas. Facebook es un Triceratops de las redes sociales y ahora viene tras su negocio bancario.

Puede sonar realmente extraño, pero los primeros en verse afectados por las monedas corporativas serán los bancos minoristas. No los grandes bancos de inversión que hacen negocios turbios para rescatar dictadores y cosas así. Son los bancos que realmente atienden a sus clientes los que se verán afectados primero. La mayoría de los grandes bancos de inversión dejaron de aceptar clientes de cuentas corrientes y cuentas de ahorro en los mercados de consumo hace cuatro o cinco años. "Ustedes no pagan lo suficiente. No son dignos de una banca". Pero afectará a los bancos minoristas, a la sucursal de la esquina donde uno conoce directamente al gerente del banco, o al menos uno puede llamarlo para hablar de nuevo sobre un sobregiro. Esos bancos minoristas que en realidad sirven a sus clientes, incluso a aquellos usuarios con accesos precarios o insuficientes a servicios financieros. Ellos se verán muy afectados por este nuevo fenómeno, porque Facebook no solo tiene dos mil millones de usuarios, sino que conoce las preferencias y los patrones de conducta de todos ellos.

Facebook puede reducir los costos de la banca tradicional y envolverla en una interfaz de usuario de color caramelo. Cada vez que realicen una compra con Libra, la aplicación podría hacerle un poco de cosquillas a los receptores de dopamina de sus usuarios. Les animará a hacer o no hacer ciertas cosas, jugará con sus usuarios como un ratón en un experimento de psicología, donde no se pueden ver los bordes del laberinto, porque las paredes están demasiado altas. Esto será muy interesante a medida que se desarrolle.

Ejecutivos de la Banca Central... ¡Tengan Cuidado!

Para aquellos de nosotros que hemos estado prestando atención al auge del tecno-neo-feudalismo, esto es aterrador. Las monedas corporativas serán efectivas para la disrupción de regulaciones de una manera en la que los bancos han sido hasta ahora incapaces. Facebook ahora va tras los bancos centrales. Sí, Libra tiene una canasta de monedas para crear algún tipo de moneda estable, pero esa moneda estable será estable de cara a la moneda local de turno que estará hiperinflada.

Imaginen que ustedes fuesen el gobierno de India o de Argentina y quieren imponer una política inflacionaria o bien quieren devaluar su moneda, pero que el 10% de tu población se pasara entonces a la Libra u otra moneda corporativa. Con Libra podrían poner sus ahorros en la moneda fuerte de Facebook. Bueno, no es realmente una moneda fuerte. Realmente Libra no tiene una política monetaria, eso dicen, pero sería una moneda más fuerte que el peso argentino. Sería más fuerte que la lira turca, más fuerte que la rupia india y más fuerte que cien de las monedas nacionales que existen en todo el mundo. Las monedas corporativas significan que los bancos centrales perderán una de las grandes palancas de poder que tienen sobre la economía.

¿Y qué van a hacer?, ¿Prohibirán Facebook? Lo intentarán. Han intentado prohibir Facebook durante protestas, golpes de estado de dictaduras y revoluciones. Fallarán. Intentarán regular Facebook y se enfrentarán a un ejército de abogados de Wall Street que les dirán "Hablemos ahora sobre tus regulaciones".

Por si no se han dado cuenta, Facebook planea lanzar DEGs al detal y al nivel del consumidor y minorista. ¿Quién sabe qué es un DEG? Unas pocas personas. El Fondo Monetario Internacional (FMI) es una institución global que no está oficialmente controlada por ningún gobierno nacional. Utiliza contribuciones de cada estado miembro, una canasta de monedas, para emitir una moneda artificial llamada "Derechos Especiales de Giro" (DEG). Los DEG forman parte del marco internacional de tipos de cambio de libre flotación. El FMI es el prestamista de última instancia de los gobiernos nacionales. Lo hacen de una manera muy depredadora. Imponen una austeridad extrema a los gobiernos que caen en sus garras, despojan de sus industrias, sus plantas de agua, ferrocarriles y compañías de telecomunicaciones.

Bueno, ¿Adivinen qué? Facebook podría hacer eso mismo ahora. Si piensan bien en lo que Libra dice que llegará a ser, esta moneda será en realidad una pseudodivisa de Derechos Especiales de Giro, basada en una canasta de monedas; canasta que será financiada por la actividad de los mismos consumidores, en los mismos países donde el gobierno le pedirá un préstamo (a Facebook) so pena de intentar reducir su actividad. Esto es algo muy serio. Acabamos de entrar en una era post-nacionalista.

El poder de controlar el dinero solía ser prerrogativa exclusiva de los estados. Eso ha sido pateado en las bolas por Bitcoin y amenazado con ser decapitado por Libra esta mañana. El control de la banca central sobre la política monetaria terminó esta mañana. Las empresas de tecnología que actualmente valen un billón de dólares en total están aprovechando la posibilidad de acuñar su propio dinero. Transformarán radicalmente sus modelos de negocio, generando más dinero del que puedas imaginar. Los accionistas estarán encantados. Pronto esas empresas empequeñecerán al PIB de al menos un tercio de las naciones de este planeta.

Cuando el FMI llama a la puerta, la mayoría de los gobiernos se paralizan de miedo. Pero imagínense cuánto peor será cuando Facebook, Google o Apple te llamen la puerta. Quizás incluso Twitter pueda acabar con algunos gobiernos. Es lo suficientemente grande. ¿Por qué no? Pronto, tal vez Uber dicte órdenes no solo a los taxistas, sino al consejo municipal local y tal vez incluso al gabinete de ministros.

Hemos entrado en un mundo nuevo en el que competirán tres fuerzas: el dinero del pueblo, el dinero del estado y el dinero de las corporaciones. Necesitamos tomar algunas decisiones con mucho cuidado.

Yo tengo esperanzas por varias razones. Las corporaciones contribuirán a la tecnología, quiéranlo o no. Presentarán a mil millones de personas el tipo incorrecto de criptomoneda, al igual que AOL introdujo a las personas al tipo incorrecto de Internet.

Los Cinco Pilares de las Cadenas de Bloques Abiertas

Pero es aquí donde el asunto se pone complicado. En este punto, debemos decidir cómo discerniremos en función de nuestros principios. He hablado sobre los principios fundamentales que me importan en torno a las cadenas de bloques. A veces los llamo los cinco pilares de las cadenas de bloques abiertas, o los ocho criterios. A veces pierdo la cuenta. Está entre cinco y ocho, pero siempre debemos examinar un sistema que está tratando de apoderarse de la tecnología fundamental del dinero en nuestro mundo.

¿Es abierto? ¿Qué significa que sea "abierto"? ¿Es un sistema que estará abierto para que cualquiera pueda acceder y participar sin necesidad de una verificación de su identidad o antecedentes? ¿Podrá cualquiera enviar una transacción sin tener la obligación de proporcionar su identificación? ¿Será así? Aún no lo sabemos. Ya veremos. El documento técnico afirma que sí será un sistema abierto. Tendremos que esperar y ver qué hará realmente esa moneda.

¿Es libre de fronteras? Puedo decirles ahora mismo, que Libra no será libre de fronteras. En la actualidad, solo hay una criptomoneda global sin fronteras con algún valor y significado. Y se trata de bitcoin. La Libra podría ser tan buena como el dólar estadounidense en su misión de no limitarse por fronteras, pero Libra no será lanzada en China. En cambio, China tendrá su propia moneda, lanzada por WeChat o una subsidiaria de propiedad total de la República Popular de China, manejada por el politburó central. Tampoco será lanzará en Rusia. ¿Van a ceder su soberanía monetaria a un sujeto de Silicon Valley? Y no se lanzará en muchos otros lugares para beneficio de personas que no están bancarizadas y que realmente necesitan servicios financieros. No será un sistema libre de fronteras. De hecho, será todo lo contrario.

Hemos entrado en la era de las guerras de divisas al estilo de la

Guerra Fría. Una cortina de hierro será interpuesta para con las monedas, como nunca antes lo habíamos visto. Veremos una división entre Oriente y Occidente en la evolución de las monedas estatales y corporativas. De los tres tipos de monedas, solo las criptomonedas abiertas irán a todas partes del mundo.

¿Es neutral? Libra probablemente no será neutral. La neutralidad requiere que el protocolo permita transacciones entre cualquier remitente y destinatario, para cualquier persona, en cualquier lugar y con cualquier propósito. Muchas criptomonedas abiertas ya hacen eso. Dudo mucho que Libra pueda hacer eso. En el momento en que algo así sea permitido, los citatorios a tribunales comenzarán a llover sobre Facebook. El detalle más importante de un citatorio es saber dónde entregarlo, ¿verdad? Y eso será fácil. Ellos tienen una oficina que deberá aceptar el servicio de despacho, por lo que los gobiernos podrán enviar sus citatorios.

¿A dónde se envían los citatorios para llevar Bitcoin a tribunales? ¡Aja! Envíelas todas a la dirección 127.0.0.1 (la dirección IP de localhost), y las procesaremos oportunamente. *La audiencia y Andreas se ríen*

Así que Libra no será neutral.

¿Será resistente a la censura? No será resistente a ninguna censura. Las grandes corporaciones como esas, sujetas a regulaciones jurisdiccionales, estarán siempre obligadas a censurar transacciones. Como estadounidense, uno no puede enviar una transacción a un iraní, a un venezolano o a un norcoreano. No se puede recibir dinero de un ciudadano ruso o chino sin investigar adecuadamente quiénes son, cuándo nacieron, dónde viven y qué empresas poseen. Esto sucede cada vez que intentamos enviar una transferencia bancaria.

¿Será inmutable? Libra no será inmutable. En el documento técnico se hace la promesa de que sí lo será, pero en el momento en que una transacción para financiar alguna actividad aborrecible e inexcusable sea realizada, los citatorios comenzarán a llover

nuevamente y la red "inmutable" se "mutará" rápidamente. Eso es bastante fácil de hacer cuando se tiene un consorcio de validadores y no tiene ningún costo la manipulación del historial.

La prueba-de-trabajo hace que una manipulación sea prácticamente imposible, incluso si el 100% de los mineros se confabulan e intentan cambiar el historial de transacciones, a no ser que consuman una cantidad igual de energía. Esto significa que con cada día que pasa, el costo de la energía aumenta. Dentro de uno o dos días, es una carga excesiva. Es casi imposible, incluso si pudieras encontrar y coaccionar a todos los mineros. No podrían hacerlo. No se trata de un "no quiero", es que "no puedo". Y un "no puedo" es mucho mejor que "no quiero". Pero Libra no será inmutable.

Libra pudiera llegar a ser auditable y transparente. Aún no lo sabemos. Pero si llegase a ser auditable y transparente, no será privada. Probablemente estemos a solo unos años de otra gran filtración de datos, donde toda nuestra información financiera 'le pertenecerá a todos'. Si se almacena en la cadena de bloques de manera transparente y no tenemos ningún control de privacidad, (ya saben, el tipo de control ese que usan los "delincuentes", pero que al menos son lo bastante inteligentes de usar en pos de su privacidad), toda esa información se filtrará. Todas nuestras compras ahora serán visibles para todos nuestros amigos, familiares, ex-socios y enemigos.

La Privacidad Financiera es un Derecho Humano

La privacidad financiera es un derecho humano. La sociedad no funciona como una cárcel tipo panóptico. Tenemos secretos porque somos animales sociales. Eso nos da la libertad de expresar nuestra naturaleza extraña. Todos diferimos un poco de las expectativas y la conformidad de la sociedad. Al menos, espero que lo hagamos. Porque si no lo hacemos, ¿qué tipo de sociedad es esa? ¿Debemos cumplir absolutamente con las expectativas de nuestros vecinos pretenciosos?

La individualidad, la expresión, la libertad, todo eso es privacidad. No queremos que nuestros registros financieros sean condenados por el mundo. Pero eso sucederá a continuación con Libra. Puede que llegue a ser auditable y transparente, pero no será muy privada. Esta no es una cadena de bloques que me pueda interesar.

Más importante aún, como he dicho muchas veces antes, estamos parados ante una bifurcación en el camino. Por un lado, tenemos dinero de vigilantes gubernamentales y ahora empresariales. Por el otro, tenemos dinero privado y abierto, el dinero de un pueblo libre.

El cronograma pautado para establecer sociedades despojadas del dinero en efectivo se ha acelerado. Las sociedades sin efectivo no son nada para celebrar. Se quedarán sin libertad o sin democracia. Serán frágiles, sin la posibilidad de un plan de salida o válvula de escape. Donde unas malas elecciones podrían ser las últimas. Solo necesitas equivocarte una vez. Quédense en casa y digan: "No me importa la política". Y un montón de gente confundida y propagandizada saldrá y votará por un hombre naranja, por un Brexit o alguna mierda como esa. Y entonces se preguntarán, "¿Qué diablos pasó?"

Pero en un mundo donde no tienes efectivo, donde no tienes dinero accesible a todos y libre, es mucho peor que eso. El gobierno, una corporación o un procesador de pagos pueden decidir que tu has hecho algo "malo" y que serás desconectado del sistema, y podrían truncar tu futuro financiero. Podrían incluso asegurarse de que ni siquiera puedas comprar alimentos, y mucho menos pagar el alquiler o los servicios públicos. Si creen que esto no va a suceder, entérense que ya está sucediendo ahora mismo en Hong Kong. Está sucediendo en China con el sistema de puntaje de créditos Sesame.

Si creen que eso no va a llegar a un país como el suyo, estudien la historia europea, como desde 1918 hasta 1945. Es una mierda fascinante. Pensamos que el Reino Unido había aprendido esa lección. Por lo que he estado viendo últimamente, no la aprendió.

Están tratando de repetir todo eso. Supongo que a veces necesitas enseñar la lección dos veces.

Diferenciarnos Con Principios

¿Y qué haremos entonces en el espacio cripto?: Empezar a diferenciarnos. Durante los próximos años, esperen que muchos proyectos cripto se centren en cuáles son sus principios, porque los principios son la forma principal de diferenciar entre cualquiera de las criptomonedas. Si eres un proyecto cripto, debes decidir cuáles son tus principios.

He estado expresando los mismos principios consistentes durante los últimos siete años. La razón es realmente simple: se necesita demasiado esfuerzo para brincar entre diferentes principios y luego recordar cómo ser coherente con lo que se dijo antes. La coherencia es relativamente fácil porque sigo principios en los que realmente creo.

Algunos proyectos cripto decidieron recientemente centrarse en diferentes principios e intentaron cambiar la trayectoria de los proyectos que nos interesan. Últimamente, uno de ellos tiene que ver con los pagos baratos, a expensas de la descentralización y la privacidad. Aparentemente, para las personas involucradas en ese proyecto, la privacidad solo es útil para los delincuentes y los blanqueadores de capitales que se dedican al comercio del lavado y a las casas de cambio de comercio ficticio. ¡Uuh, aterrador! Si ese es el camino por el que quieren bajar, la luz que verán no es el final del túnel. En cambio, es la luz del tren de Facebook que se aproxima y que ya tiene todo ese mercado, sin principios y sin privacidad. Ya tienen dos mil millones de usuarios, mucho dinero y gente tecnóloga que les atropellará.

Si no nos hemos diferenciado en función de nuestros principios, o peor aún, no tenemos ningún principio, y deciden con su nuevo experto en negocios recién contratado, que están realmente interesados en buscar el mejor retorno de la inversión para los accionistas, y que la mejor manera de hacerlo significa despojarse de algunos de estos principios "tontos" e "idealistas", ¿adivinen qué? Una vez que comienzas a deshacerte de los principios, ahora estás compitiendo directamente contra Facebook.

¿Y qué es Facebook, sino la máquina desechadora de principios más poderosa del mundo?

Facebook comenzó con unos pocos principios para empezar, y desde entonces ha desarrollado un mecanismo para deshacerse de ellos más rápido de lo que pueden imaginarse, con miles de millones de dólares en marketing haciendo cosquillas en nuestros receptores de dopamina. "¡No te preocupes! El futuro es color de caramelo y brillante... siempre y cuando sigamos siendo rentables". Pueden deshacerse de los principios más rápido, con más dinero, mejores interfaces de usuario y una base de usuarios más grande que la de ustedes. Tienen comités completos de expertos en negocios, diseñados para una renuncia de principios de alta rentabilidad. Sacrificarán principios y comprobarán mejoras en sus métricas de desempeño a cambio de ellos.

"¿Cuántos principios sacrificamos ya este mes?" "Trescientos principios básicos ya no están entre nosotros". "¡No es suficiente! Quiero ver un crecimiento del 6% en el sacrificio de principios de mes a mes". *La audiencia se ríe.*

Ellos tienen el dinero y la crueldad. A ellos les importa una mierda estos mensajes. Si quieres competir contra ellos en esa área, te arrojarán principios en la cara tan rápido que perderás la cuenta. Entonces, si nuestro juego se deshace de nuestros principios para obtener ganancias, ese es un juego que no ganaremos. Facebook ganará ese juego. Se lo ganarán a PayPal y JPMorgan Chase. Seguro que se lo ganarán a un pequeño proyectito de cripto muy irregular que proclama que: "No necesitamos privacidad. Solo queremos ser una red de pagos veloz que colabore con las fuerzas del orden y permita un capitalismo de vigilancia". Averigüen bien cuáles son sus principios.

Si ustedes se pelean con alguien que no tiene principios, una corporación, ello no sería inmoral, porque eso requeriría tener moralidad negativa. Ellos son amorales, lo que significa que no hay guía moral alguna. La ausencia de brújula moral. La moralidad ni siquiera entra en su ecuación de retorno de inversión. La moralidad no está en su hoja de Excel.

Si ustedes se van a pelear con ellos, diferénciense en aquello con lo que ellos no podrán competir: alinéense con un proyecto que sea verdaderamente abierto, libre de fronteras, neutral, resistente a la censura, transparente, auditable, privado e inmutable. Hay algunos de esos circulando, creo. Las monedas enfocadas en la privacidad amenazan con quitarles un buen pedazo del pastel. Existe una necesidad realmente creciente de centrarnos en la privacidad, porque Facebook no lo hará.

El Auge de la Distopía

Las cosas se acaban de poner realmente interesantes. Como tecnólogo, estoy muy emocionado. He estado brincando en un pie todo el día. No puedo esperar a ver cómo se desarrollará todo esto. Ver los sistemas tecnológicos interactuar con la sociedad y cambiar el mundo ha sido mi fascinación de toda la vida. A medida que se desarrollen estos avances, veré si puedo obtener algunas pistas sobre hacia dónde se dirigen estas cosas. Tener esa visión ha sido el objetivo de mi vida.

Mientras que como tecnólogo, he estado dando saltos, como ser humano, me horroriza que estemos abriendo las puertas hacia un futuro que es realmente aterrador y distópico. Le estamos dando poder a algunas de las corporaciones más despiadadas e irresponsables que existen. No para luchar contra los gobiernos, sino en muchos casos para unirnos a ellas de la mano. Ellas se asegurarán de que mientras somos explotados por políticos despiadados por un lado, también seamos explotados por empresarios despiadados por el otro, en una alianza entre corporaciones y estados.

A eso se le llama fascismo, solo que este no es el fascismo de tu abuelo. Este es todo un nuevo entorno neo-feudal que nunca antes habíamos visto. Mucha gente cometerá el error de asumir que si no viene con un uniforme de cuero diseñado por Hugo Boss, con colores contrastantes, desfiles caricaturescos y gritos por megáfonos, que entonces no se tratará de fascismo. El fascismo actual puede presentarse en una elegante interfaz de usuario con hermosos colores, accesible las 24 horas del día, los 7 días de la semana, a través de nuestro navegador y de la ubicación más conveniente, ya sea que nuestro teléfono esté encendido o apagado. Es ya parte de tu vida. Te permite compartir fotos con el abuelo, el mismo que luchó contra los nazis. Es la máxima ironía.

Debemos tener mucho cuidado con lo que vamos a hacer a continuación. Este es un asunto muy serio, de vida o muerte. La sociedad no está preparada para esto porque nunca antes habíamos estado aquí. Si bien estoy fascinado de mirar, al mismo tiempo, estoy profundamente preocupado. No es que yo crea que Bitcoin no puede competir. Tengo miedo porque creo que a mucha gente no le importa, y no le importará hasta que sea demasiado tarde. Mucha gente optará por el ritmo fácil, conveniente, insensato, repetitivo, seductor e hipnotizador de los clasificados de Facebook, a través de los cuales perderán su libertad y su futuro.

Pero ustedes están aquí y ahora y tienes una opción. Pueden elegir el sistema abierto, libre de fronteras y transparente. Puede elegir la libertad, la privacidad y un futuro que puedan controlar.

Gracias.

Nota del editor: El documento técnico de Libra fue publicado por la subsidiaria de Facebook, Calibra y la Asociación Libra con sede en Suiza el 18 de junio de 2019. Puede leer el texto completo en inglés aquí: https://libra.org/en-US/white-paper/

Después de meses de intenso escrutinio de los medios de comunicación y del gobierno, PayPal fue la primera empresa en retirarse de la Asociación Libra a principios de octubre de 2019. Mastercard, Visa, Stripe, Booking Holdings, eBay y MercadoPago pronto siguieron su ejemplo. El director ejecutivo de Facebook, Mark Zuckerberg, testificó sobre Libra ante el Congreso de los EE.UU. el 23 de octubre de 2019, en un momento en el que afirmó que "Facebook no participará en el lanzamiento del sistema de pago Libra en ningún lugar del mundo hasta que los reguladores estadounidenses lo aprueben."

Al Descubierto: El Dinero Como Sistema de Control

El video original de la presentación de esta charla fue grabado en la *Cumbre de Innovación Digital Avanzada* en Vancouver, Canadá; en septiembre de 2017. Enlace de video: https://aantonop.io/InsideOut

Las Cuatro Funciones del Dinero

El tema de la charla de hoy es una propiedad interesante del dinero que quiero explorar con ustedes. Voy a titular a esta charla "Al descubierto: el dinero como un sistema de control".

¿Quién puede decirme cuáles son las cuatro funciones principales del dinero? ¿Alguien que sepa?

Alguien de la audiencia clama: "¿Intercambio de valor?" ¡Medio de intercambio!... Ese es, uno. *Otra persona: "¿Reserva de valor?"* ¡Reserva de valor!... Eso es, van dos. Dos más. Unidad de conteo, esa es la tercera. ¿Cual es la cuarta? Es un sistema de control (SdC).

'¿Qué? No recuerdo haber leído eso en economía'. El sistema de control, tal y como vienen a ser las cosas, se ha convertido en una función principal del dinero que usamos hoy día. Hablemos de eso.

El Decreto Sobre el Secreto Bancario

Hemos tenido dinero durante decenas de miles de años. Es realmente difícil saber desde qué época se remonta el dinero. Pero el dinero que tenemos hoy día es muy diferente del dinero que teníamos en el pasado; algo cambió en los últimos 50 años que ha alterado fundamentalmente el curso del dinero, de la moneda, que viene a ser un sistema para comunicar valor a otras personas. Probablemente estén familiarizados con tres de las funciones del dinero: medio de intercambio (MdI), unidad de conteo (UdC) y reserva de valor (RdV). Esas han existido durante milenios.

Y entonces, algo sucedió. En 1970, Richard Nixon firmó el decreto de secreto bancario (conocido como el 'BSA' de sus siglas en inglés) y convirtió el dinero en un sistema de control. Un sistema de control que utiliza el dinero como herramienta política, para controlar quién tiene permitido enviarlo o recibirlo, y a quienes tenemos permitido enviarlo. En última instancia, tiene como objetivo la vigilancia total de todas las transacciones financieras a nivel global. Vigilancia financiera total, completa y totalitaria. Este cambio en las políticas de los Estados Unidos, hace 50 años, se ha infiltrado gradualmente a casi todos los países del mundo, a casi todos los servicios financieros del mundo, a casi todos los bancos del mundo.

En 1970, Richard Nixon reemplazó efectivamente el campo de los servicios financieros, convirtiéndolos en un brazo para la imposición de la ley. Imposición de la ley que está más allá de las fronteras, más allá de las jurisdicciones, más allá del debido proceso, más allá del ejercicio de la democracia y del derecho a reclamar reintegros. Un policía puede confiscarte tu dinero. Un juez puede firmar una orden judicial para congelar tus cuentas. Un banco puede hacer ambas cosas, sin autorización de nadie y nosotros no podríamos hacer nada al respecto. Esto se aplica en todo el mundo. Ahora bien, la función del dinero como sistema de control se impone por encima de todas las demás funciones del dinero.

Cuando el dinero se convierte en un instrumento de control, sus otras funciones comienzan a erosionarse. Ya no es el mejor medio de intercambio, porque su función como medio de intercambio está subordinada a su función como sistema de imposición de la ley, un sistema de control. Ya no es la mejor reserva de valor, por las mismas razones. El sistema de control corrompe estas funciones del dinero, diluyéndolas, pasándoles por encima.

La Rezagada Revolución Financiera

Ahora llevamos 25 años en la revolución de Internet. Hay teléfonos inteligentes, teléfonos celulares, perolitos celulares y otras herramientas para acceder a Internet que se han propagado a más de 2.500 millones de personas que nunca antes habían tenido estas tecnologías. Pero, ¿dónde están las finanzas? Están rezagadas entre quince y veinte años. Los servicios financieros aún no han llegado a 2.500 millones de personas que están completamente desbancarizadas, ni a 4.000 millones de personas cuyos servicios bancarios son incompletos. Únicamente cerca de 1.500 millones de personas tienen acceso a servicios bancarios totales, privilegiados y elitescos que disfrutamos en la mayoría de las democracias liberales de occidente.

Incluso en las democracias liberales, existen niveles de accesos y control. ¿Cuántas personas en esta sala son inversionistas acreditados? Ah, ¡pero qué grupo tan encantador! Eso los coloca a ustedes en el 10% del 10% del percentil del 10% del mundo.

Existen niveles dentro del sistema financiero. Algunas personas tienen mejores accesos y derechos crediticios, y otras personas tienen inmunidad completa. Algunas personas pueden cometer delitos contra millones: embargos hipotecarios robóticos, fraudes Libor, manipulación de los mercados del oro. Y no irán a la cárcel. ¿Por qué? Porque cuando el dinero se convierte en un sistema de control, las empresas de servicios financieros se convierten en diputados de este sistema de imposición y control. Y como diputados, obtienen algunos privilegios. Uno de esos privilegios es la inmunidad: nunca van a la cárcel.

Bueno, con algunas excepciones; hay algunas reglas fundamentales que siempre se aplican en nuestra sociedad. Bernie Madoff fue a la cárcel. Cometió el error de robarles a los ricos. ¡No hagas eso! ¿Embargarle las casas a 10 millones de personas pobres? ¿Crear 3,5 millones de cuentas falsas en Wells Fargo? ¡No hay problema! ¿Perder 143 millones de registros privados de personas a través de un hackeo a Equifax? ¿Cuántos ejecutivos irán a la cárcel? Apuesto a que ninguno.

Agregar esta función de "sistema de control" corrompe las bases del dinero hasta que ya no puede funcionar como medio de intercambio. Pues cosecha exclusión financiera.

El Trato Con El Diablo

Llevamos 25 años en la era de Internet, miles de millones están conectados, pero no hemos ampliado el alcance de la inclusión financiera. A decir verdad, en términos históricos, estamos retrocediendo. De manera incremental, más y más países están siendo aislados del sistema financiero mundial. ¿El proceder de tu país no va en el mejor interés de los Estados Unidos de América? Pues tú junto a todo tu país pierden su código SWIFT; ya no formas parte de la red de transferencias bancarias. Te someterás a la jurisdicción universal de los tribunales estadounidenses, como tuvo que hacer Suiza, o perderás el acceso a la banca internacional, perderás el acceso a la moneda de reserva... perderás el acceso al oxígeno mismo del comercio.

Este trato con el diablo ha hecho que los servicios financieros sean "intocables" desde el punto de vista de la competencia. Están rodeados de una maraña de regulaciones; estas regulaciones no tienen nada que ver con la protección al consumidor, los consumidores ciertamente no están protegidos. Se trata, sin duda alguna, del sistema de control del dinero. Se trata de la aplicación de políticas y, a veces, de la aplicación de políticas que vienen con el dinero. El dinero no fluye libremente.

Sin embargo, les tengo malas noticias. Esas rejas de oro que rodean y protegen a los bancos de la competencia, son a su vez una jaula dorada. Una jaula que los mantiene dentro de un sistema de regulaciones, que impide la competencia desde el exterior, pero también les impide actuar sobre ideas innovadoras en mercados libres o expandir sus negocios, a menos que logren subordinar esos mercados a su sistema de control.

La función como reserva de valor ya no existe. Las personas no pueden almacenar valor en una moneda que puede ser confiscada por cualquier capricho o congelada por cualquier banquero, en cualquier momento. Esa no es una reserva de valor estable. Los países no pueden utilizarla como reserva de divisas para comprar petróleo o como reserva de divisas dentro del país. Porque si le pasas por encima a las superpotencias, te cortarán el acceso y no podrás comprar petróleo. El dinero ya no puede ser un medio de intercambio si no se puede intercambiar libremente. Poco a poco, la corrupción se propaga más y más.

Afuera de la Jaula de Oro

Ahora, algo nuevo se avizora en el horizonte: un sistema de dinero que opera en forma de red. Es, ante todo, un medio de intercambio, una reserva de valor y algún día (potencialmente) una unidad de conteo. Pero nunca se convertirá en un sistema de control; se niega a convertirse en un sistema de control. De hecho, sus principios de diseño son neutralidad, apertura, acceso sin fronteras y resistencia a la censura.

Los bancos no pueden jugar en ese espacio. Están atrapados dentro de su jaula de oro, jugando a ser policías con superpoderes y solo ofreciendo servicios financieros a una pequeña fracción de la población humana. Están sacrificando a 4 mil millones de personas en el altar de la pobreza con el fin de crear una sensación de seguridad burguesa, falsa y agradable entre los de la clase media, al venderles mentiras. La FDIC (la corporación aseguradora de depósitos bancarios de Norteamérica) dice: 'No se preocupen, que su dinero está asegurado'. ¿A que sí?

La Protección Ilusoria

¿Cuántas personas aquí tienen un seguro FDIC o un seguro equivalente en sus cuentas bancarias? ¿Cuántos griegos creen ustedes que tenían un seguro en sus cuentas bancarias? ¡Todos ellos! ¿Que le pasó a eso? Sus ahorros se esfumaron '¡puff!' En tan solo una tarde. Se desvanecieron, con un 20% de corte de pelo (recortes de pensiones y gasto público).

¿De quién es ese seguro? ¿Nos asegura a nosotros o asegura a los bancos? ¿Contra qué nos asegura? Contra pequeños fracasos, no contra grandes fracasos. Los grandes fallos no son asegurables.

¿Cuántos de ustedes tienen dinero en los bancos?... ¡Ninguno de ustedes tiene dinero en los bancos! Quiero decir... ¡Por favor! Ustedes tienen es una cuenta, que es un constructo legal que ellos te dan a cambio de tu darles tu dinero en forma de préstamo sin ninguna garantía, para que puedan financiarle los créditos a sus clientes. Técnicamente, podríamos ser dueños del dinero que hay en la cuenta, pero ¿cuánto de ello poseemos según la ley? Veamos. ¿Qué pasa si intentamos retirar una gran cantidad de dinero en efectivo? ¿O qué sucede si nos cruzamos con la persona equivocada, o asistimos a la protesta equivocada, nos asociamos con la organización equivocada o votamos por el partido equivocado? Entonces usted también puede darse cuenta de que su propiedad legal se convierte en nada más que una promesa bufa.

¡Claro!, tal vez esto no esté sucediendo en Canadá. Pero en ciento noventa y cuatro países, este modelo de convertir al dinero en un sistema de control, se ha propagado cual incendio forestal, porque esto el sueño húmedo de todo dictador. Garantiza que la disidencia política se pueda sofocar en el banco, de manera muy eficaz. Es uno de los sistemas de control más eficaces que existen.

El Poder de la Protesta y de la Salida

Ahora los banqueros deben enfrentar la competencia de un sistema que no hará eso de ejercer controles, que no se le puede obligar a hacerlo y que no cederá ni será cooptado. ¿Cual ha sido su respuesta? "El Bitcoin es un chiste". "Las criptomonedas están fuera del sistema" Y "Nadie quiere estar fuera del sistema". ¿Adivinen qué? Hay aproximadamente 7 mil millones de personas en nuestro planeta. La mayoría de ellos no quiere estar fuera del sistema;

preferirían estar adentro. Pero no han sido invitados y probablemente no lo serán. Muchos de ellos no pueden hacer las cosas necesarias para ser invitados a ese sistema, como presentar un documento de identificación válido o cambiar su país de nacimiento.

Hay toda una generación que ha descubierto las dos formas vitales del poder: la primera forma es la protesta, la segunda forma es la salida. O bien alzas tu voz y expresas tu voluntad política para forzar el cambio. O bien, cuando eso no funcione, optarás por el segundo poder vital que tienen todos los seres humanos: salirse. Se han erigido fronteras durante milenios para evitar que la gente salga, para ralentizar esa salida. No podemos emigrar fácilmente o excluirnos, salirse no es fácil.

Pero ¿Qué pasa cuando la salida no es un acto físico, sino un acto virtual? ¿Qué pasa cuando la gente decide salir del sistema financiero de forma virtual? ¿Emigrar virtualmente? ¿Una "bit-migración"?

Los intocables, ya pueden quedarse en el interior de su jaula de oro. Están demográficamente estancados, sobre-apalancados, nadando en deudas y fuera de control. Le sirven a una minúscula parte de la población humana. ¡Que se la queden!

Toda una generación de millennials ya no cree en esa ficción de la seguridad bancaria, de las ganancias diferidas, de las tasas de interés ni de las hipotecas. Se van a salir; se están saliendo en masa. No solo aquí, sino más aún en los países donde el sistema existente de finanzas herméticas junto a su sistema de control, se utilizan de manera despótica y opresiva. China se está saliendo en masa y apenas está comenzado.

Bitcoin ha existido ya durante nueve años. ¿Qué está haciendo el grupillo de intocables? ¿Qué hacen los reguladores en respuesta a un sistema que no se puede regular? Regulan aquellos bits que todavía pueden regular: las casas de cambio centralizadas, las cuentas bancarias y el lado de la moneda nacional de las cosas. Cerraron las rampas de entrada y de salida. Están diciendo: "No permitiremos que usted se lleve su dinero".

¿Y qué responden los Millennials a eso? "Amigo... ¡No tengo dinero de todos modos!" "Todo lo que tengo es mi potencial creativo, mi espíritu y mi productividad. Puedo vender eso directamente por bitcoins sin un intermediario, sin una rampa de entrada o una rampa de salida. Cuando necesite comprar algo, usaré mi moneda digital directamente sin volver a entrar en su sistema, al que nunca me invitaron. Cierre las rampas de entrada, cierre las rampas de salida. Me quedaré a bordo. Me mantendré digital. Ya no tocaré su jaula de oro, porque no los necesito. ¡Me salgo!".

Gracias.

Peor Que Inútiles

El video original de la presentación de esta charla fue grabado en la *Conferencia Báltica del Tejón de Miel* en Riga, Latvia; noviembre de 2017. Link del video: https://aantonop.io/WorseThanUseless

En Primer Lugar, No Hagas Daño

El juramento Hipocrático, uno de los pilares de la medicina, comienza con la arenga de "en primer lugar, no hacer ningún daño". Lo cual expresa el principio de minimización, el principio de utilidad. Esta filosofía utilitaria dice que antes de intentar arreglar las cosas, hemos de asegurarnos de no empeorarlas.

Irónicamente, el padre de la medicina, Hipócrates, no dijo esto. Esto no era parte del juramento hipocrático o de la escritura de Hipócrates. Se añadió después de la introducción de la ciencia moderna en la medicina, a mediados del siglo XIX.

"En primer lugar, no hagas daño". Porque algunas cosas no solo son inútiles, son peores que inútiles. De hecho, hacen daño. Ese es el título de mi charla de hoy: "Peor que inútiles".

Hipócrates fue en realidad un gran defensor de la flebotomía, o desangrados, una práctica que comenzó en la antigua región mediterránea. Implicaba equilibrar los humores del cuerpo, desangrando a las personas lentamente. La idea era que los diversos fluidos del cuerpo debían estar equilibrados, como un sistema hidrodinámico. Antes de que la ciencia moderna empezara a pensar en nuestro cuerpo más como una maquinaria de engranajes, que es la visión de los siglos XIX y XX, los antiguos lo veían como una cuestión de esencias, de humores. Tierra, fuego, agua, aire. La idea de sangrar era que, si estas cosas están fuera de equilibrio (es decir, estás enfermo), necesitas liberar algo de sangre para equilibrar las cosas. Esta práctica continuó hasta el siglo XIX.

Una de las víctimas más famosas de la flebotomía fue un padre fundador de los Estados Unidos de América: George Washington. Al final de su vida, George Washington se despertó un día con dolor de garganta. Era un gran fanático de los sangrados como práctica médica e invitó a sus médicos/carniceros a realizarle una sangría. Durante los siguientes cuatro días, le sacaron unas siete pintas (casi 3.3 litros) de sangre.

El registro histórico reza lo siguiente:"A pesar del tratamiento, él falleció cuatro días después." Algunos de nosotros podríamos decir, "Debido al tratamiento, él murió cuatro días después."

Un Método Anti-Científico

¿Por qué es importante el recordar este concepto de "no hacer daño"? Si comprendemos bien el método científico, sabremos que muchas de las prácticas comunes que aplicamos hoy día no se basan en la ciencia, sino en la superstición, las anécdotas, las ilusiones y la rectitud moral. Una de esas prácticas es la vigilancia financiera, el sistema de "Conozca A Su Cliente" (o de sus siglas en inglés: KYC, "Know-Your-Customer") y las reglas contra el lavado de dinero (de sus siglas en inglés: AML, "Anti-Money-Laundering").

El sistema bancario moderno, creado por la Ley del Secreto Bancario de 1970 (de sus siglas en inglés: BSA, "Bank Secrecy Act"), es una creación que no soporta el escrutinio de la ciencia. Se basa en el pensamiento de la rectitud moral, que reza que las personas malas no deberían tener acceso al dinero, y siempre que confiemos en las autoridades para que nos digan quiénes son las personas malas (y supongamos que estas mismas no son las personas malas), entonces todo funcionará de maravilla.

Si se nos ocurriera criticar esta idea, mas vale no esperar que se nos refute con hechos, datos o ciencia. En vez de ello seremos señalados de carecer de la suficiente rectitud moral como para ser capaces de entender que debemos "proteger a los niños". "¿Alguien, por favor, podría pensar en los niños?" Porque hay criminales ahí fuera. Hay "gente mala", y si la gente mala puede usar el dinero, es posible que lo use para hacer cosas malas. Es muy difícil hacerle pesquisas a las cosas malas, es mucho más fácil seguirle el rastro al dinero. Y así lo hacemos.

¿Esto funciona? No.

Ahora bien, si esta práctica fuera inútil, eso sería bueno. Pero no es una práctica inútil, es peor que inútil. De hecho, hace un daño enorme. Miles de millones de personas en todo el mundo no tienen participación en la economía mundial y están excluidas financieramente. La práctica aísla el sistema financiero y le otorga autoridad a unos pocos para decidir quién es "bueno" y quién es "malo", quién debería tener acceso al dinero y quién no.

Una Licencia para Lavar

El lavado de dinero ocurre todos los días, pero hay quienes pueden lavar dinero sin temor a consecuencias. En nuestro mundo moderno, existe una licencia para lavar dinero: se llama licencia bancaria. Siempre que tengamos una de estas licencias mágicas, podemos lavar dinero durante todo el día. ¿Quién está lavando dinero? Por supuesto, la sabiduría convencional y el sentido común nos lo dicen: son los bancos. Si observamos las estadísticas y los datos, este hecho se prueba una y otra vez. Los bancos tienen el dinero; ellos lavan. ¡Esa es una de sus principales actividades! Lavan dinero para gobiernos, para agencias de inteligencia que financian el terrorismo; lavan dinero para narcotraficantes.

Uno de los ejemplos dignos de una comedia, fue aquel en el que cierto gran banco, modificó sus ventanillas de taquilla en una de sus sucursales cerca de la frontera norte de México precisamente para que pudieran caber por ellas los maletines marca Samsonite (el maletín favorito del narco-lavado de dinero) y así, convenientemente, se pudieran pasar por allí lotes de efectivo. Ni siquiera tendrían que desempacar los lotes. En aquellos días, los grandes cárteles de la droga ganaban tanto dinero (y todavía lo hacen) que no contaban el dinero. Lo pesaban, porque eso era más rápido. ¿Quién tiene tiempo para contar un camión lleno de efectivo? Simplemente calculamos el peso neto.

La legitimación de capitales es algo que los bancos hacen de forma rutinaria. Cada vez que los atrapan, solo pagan una pequeña multa, nadie va a la cárcel y la banca rentable continúa. Todo lo cual nos da a entender que esta es una parte fundamental de su negocio.

Los banqueros son más bien recompensados y existen numerosos incentivos para garantizar que, siempre que se cumpla con estas regulaciones falsas, se podrá evitar la competencia en la industria. Nadie podría competir con la banca tradicional usando tecnología porque las regulaciones aseguran que los competidores no tendrían una oportunidad. Las barreras de entrada son demasiado altas y primero hay que pedir permiso. Y la respuesta siempre será "no", a menos que se pueda pagar una licencia bancaria, la licencia para el lavado de dinero y las multas que le acompañan, como parte de estas actividades comerciales. Los bancos pueden permitírselo, porque hay una cosa que los bancos hacen bien y es hacer montañas de dinero.

La Verdadera 'Dark Net'

La base misma de las finanzas modernas yace sobre una idea que debería ser tan aborrecible para la gente libre, que uno pensaría que esto debería ser el tema de todas las conversaciones. Hablamos de las revelaciones de Edward Snowden sobre la vigilancia amplia que reciben nuestras sociedades mediante Internet. Sin embargo, el elefante en la habitación, eso de lo que nadie habla, es la forma de vigilancia más penetrante e invasiva: la red internacional de vigilancia financiera totalitaria.

Cada vez que utilizamos una tarjeta de débito, una tarjeta de crédito, una cuenta bancaria, esas transacciones se canalizan hacia los servicios de inteligencia de los gobiernos que vigilan estas redes.

Cuando las personas critican al Bitcoin, a menudo dicen que "fomentará la dark net". ¿Qué es la dark net o red oscura? Es de suponer que la "dark net" es invisible para la mayoría de nosotros, opera encima y en paralelo con la Internet, y ocurren cantidades masivas de actividad ilegal en ella. Si ese es el caso, el nombre de la dark net se corresponde bien con los programas de vigilancia tales como ECHELON, PRISM y X-KEYSCORE. Esos son los nombres de la verdadera "red oscura". La "red oscura" es operada por agencias de inteligencia porque, a diario, están cometiendo crímenes masivos contra los derechos humanos. Organizan una red de vigilancia financiera totalitaria que monitorea las transacciones de todos, la ubicación, las preferencias de compra, las preferencias políticas e incluso el tipo de pornografía que vemos. Todo eso está ligado a nuestra vida financiera; todo tiene que ver con nuestra vida financiera.

Este sistema de vigilancia financiera totalitaria es la verdadera "red oscura". Ellos no le temen a la dark net, simplemente no quieren que nosotros también tengamos una.

Privacidad vs. Sigilo

¿Por qué es importante el Bitcoin? Bitcoin nos permite construir un sistema en el que podemos torcer el balance entre el sigilo y la privacidad.

¿Qué es el sigilo? ¿Qué es la privacidad?

La privacidad es algo que yo ya tengo, no porque alguien me la haya dado, no porque me fue otorgada como un privilegio, sino porque la reclamo como mi derecho humano. Mi privacidad la he tenido desde que nací; La tendré para siempre. Desafortunadamente, eso es inmediatamente sospechoso para algunas personas.

El sigilo o la capacidad de mantener cosas en secreto, es una potestad propia de un gobierno, que se supone que está subordinado a sus electores y al consentimiento de sus gobernados, pero que en vez de ello realiza operaciones que eluden los controles de la democracia y la obligación de rendir cuentas. Es usado para canalizar miles de millones de dólares en proyectos oscuros y altamente clasificados, para financiar al terrorismo y a los capos de la droga.

¿Quién financia al ISIS? Nuestro dinero destinado a los impuestos lo hace. Esa es la incómoda verdad. No es financiado con bitcoins, sino con dólares, rublos y yuanes. El lavado de dinero es una actividad patrocinada por los gobierno y respaldada por los bancos. El financiamiento al terrorismo es una actividad gubernamental apoyada por los bancos. Sin embargo, tienen la osadía de afirmar que las personas no deberían tener la libertad de realizar transacciones, ni de participar de la economía global o ejercer su derecho de nacimiento a la privacidad, porque el mundo terminaría en el caos, el motín y la anarquía.

¿Qué sucede cuando las personas pueden realizar transacciones de forma anónima? No pasa nada. Durante miles de años, las personas hemos realizado transacciones de forma anónima. La red de pagos más grande, más establecida, privada y funcional entre pares iguales se llama "efectivo". Lo hemos tenido durante miles de años. De repente, en la década de los 70's, se convirtió en algo peligroso. Nos trasladamos a un mundo de vigilancia financiera totalitaria. Intenta ser omnipresente, todopoderoso y secreto. Eso es lo que significa la palabra "totalitario". Es fascismo.

De alguna manera, "nosotros el pueblo" hemos sido persuadidas de que "por el bien de los niños", todas nuestras transacciones deben ser visibles, pero que cada una de sus transacciones sí debe ser privada. Yo digo que debe ser al revés; que tenemos que cambiar esa ecuación y darle la vuelta rápidamente.

La razón por la que el mundo está sumido en el caos se debe en parte a este sistema. ¿Quieres engendrar terrorismo? Separa a las personas de la economía, atrápalas en la pobreza y elimínales la justicia. Lo que finalmente sucede es la guerra. Martin Luther King

Jr. dijo efectivamente: 'La paz no es la ausencia de guerra, es la presencia de la justicia'. Y la justicia comienza con la afirmación de los derechos humanos.

Habilitando la Privacidad Financiera

Bitcoin no es un canal para jugar con el dinero, hacerse rico, crear una nueva ficha de inversión o la próxima clase alta que dominará a todos los demás. Al menos, eso no es lo que me interesa. Lo que me interesa es crear la paz a través de la justicia. La justicia comienza con permitir que todos los seres humanos de este planeta realicen transacciones libremente y con privacidad. Cualquiera, en cualquier lugar, en cualquier momento. Sin censura, sin que puedan prohibírselo, de forma anónima.

¿Crees que la pelea por el tamaño de los bloques de Bitcoin fue algo malo? ¿Crees que algunas personas peleando con trolls y demás títeres de las redes sociales, tirando dinero para influir en la opinión de ambos lados fueron cosas malas? Hay personas que están trabajando en las próximas actualizaciones para Bitcoin, incluidas pruebas de valores dentro de rango mediante conocimiento cero, transacciones confidenciales, pagos ofuscados o "CoinJoins" y canales de pago enrutados mediante el protocolo "onion" que son completamente imparables.

La gente suele preguntarme: "¿Cuál crees que es el mayor problema de Bitcoin? ¿Es su escalabilidad? ¿Es el fraude? ¿Es la centralización de la minería?"

No, su mayor problema es que no ofrece el suficiente anonimato. No tenemos suficiente privacidad. Será mejor que lo arreglemos antes de que Bitcoin se vuelva demasiado popular. La adopción de una plataforma o aplicación con privacidad insuficiente es extremadamente peligrosa. Si uno es el único que realiza transacciones anónimas, ya no se es anónimo. Necesitamos la omnipresencia de la privacidad. Esta no debería ser una opción que debo habilitar en mi cartera Samourai instruyéndole a "Usar Tor".

Debería ser algo predeterminado en cada cartera, siempre. No debe haber ninguna transacción que no sea confidencial.

Y aquí viene lo interesante: si le preguntamos a los bancos si quieren transacciones anónimas para ellos, ¡por supuesto que las quieren! Parte de su tecnología del "distributed ledger" (o sus "cadenas de bloques" privadas) se están construyendo con base al anonimato, utilizando pruebas de conocimiento cero, pruebas de valores dentro de rango, ofuscadores y transacciones confidenciales. Están tratando de construir sistemas confidenciales y anónimos para sus liquidaciones. ¿Por qué? Porque no pueden confiar en el pomposo patán que se sienta al otro lado del computador y que dirige el banco de su competencia. Si su competencia sabe lo que ellos hacen en la red, tomarán ventaja ejecutando las mismas estratégicas transacciones, y extraerán y descargarán todos los activos negociados que ellos puedan. ¿Por qué? Porque eso ya es lo que sucede todos los días. Por supuesto, dado que no pueden confiar el uno en el otro, comprenden la necesidad de la privacidad.

Construirán sus cadenas de bloques privadas, sus redes de cámaras de compensación y liquidación. Se asegurarán absolutamente de que éstas tengan confidencialidad, privacidad, anonimato, y capacidad de veto. Ellos se asegurarán de tener todas esas cosas, mientras continúan trabajando como de costumbre.

Ellos sí lograrán su sigilo. La pregunta ahora es, ¿alcanzaremos nosotros nuestra propia privacidad? ¿Haremos valer nuestros derechos humanos? ¿Usaremos esta tecnología para en vez de esclavizar al mundo a través de un sistema financiero totalitario, lograr más bien liberar al mundo?

¿Haremos algo que, ante todo, "no haga daño"?

Muchas gracias.

Nota del editor: En un momento de esta charla, se parafrasea a Martin Luther King Jr. La cita a la que se hace referencia es: "La paz no es simplemente la ausencia de alguna fuerza negativa - guerra, tensión, confusión; sino la presencia de alguna fuerza positiva - justicia, buena voluntad, el poder del reino de Dios". Puede encontrar el sermón completo, pronunciado el día 29 de marzo de 1956, buscando el sermón 'Cuando la paz se vuelve desagradable', y hay un archivo del texto completo en kinginstitute.stanford.edu

Huyendo del Cártel Bancario Global

El video original de la presentación de esta charla fue grabado como parte de la *Gira de 2018 de The Internet of Money* de Andreas en Seattle, Washington; en noviembre de 2018. El enlace del video es: https://aantonop.io/EscapingCartel

Cárteles

¿Cómo se llama cuando un conjunto de compañías se confabulan para definir precios, arreglar los mercados, cerrar la competencia, capturar a los reguladores y sobornar a los políticos? Le llamamos "cártel", ¿verdad? Como al cártel del petróleo. ¿Habían oído hablar de ese término? ¿"Cártel"?

¿Quienes de los presentes han oído hablar del término "cártel bancario"? ¡Oh! no escuchamos ese término. No hablamos del cártel bancario. No hablamos del cártel de la información. ¿Cuántos de ustedes aquí en Seattle trabajan para uno de los de cárteles de la información? ¡Aja já! ... ¿Sonrisitas nerviosas?

Los cárteles son los más insidiosos cuando no hablamos de ellos, cuando se ocultan en las sombras, pero a simple vista. Los sistemas bancarios, de pagos y financieros constituyen el cártel más grande del mundo. Nadie los llama cártel porque son el cártel más grande del mundo. Y son los dueños de todos los canales mediáticos, políticos y legales; y eso les facilita mucho salir impunes de sus crímenes. De hecho, mega crímenes.

Robo-Firmantes

Justo después de la crisis de 2008, en lugar de ver a algunos banqueros ir a la cárcel, fue creada una capa adicional de delincuencia: una serie de ejecuciones hipotecarias fraudulentas llamadas firmas robóticas o robo-firmas. Quizás se recuerden de esta crisis. Una de las empresas líderes en estos dominios, la mayor robo-firmante de todas, estaba dirigida por un tipo llamado Steven Mnuchin. ¿Alguien sabe lo que hace ese sujeto hoy día? Es el Secretario del Tesoro de los Estados Unidos. Al parecer, él puede hacer este trabajo sin ejecutarlo desde la celda de una cárcel. Logró un dulce convenio: no tuvo que aceptar ningún delito y luego rápidamente consiguió un trabajo agradable. Ahora él goza del máximo nivel de protección, que es inmunidad calificada. ¡Así es como funcionan los cárteles!

En primer lugar, capturan el mercado. Luego capturan a los reguladores, quienes afirman preocuparse profundamente por la protección al consumidor. El regulador está ahí para protegernos de que nos sucedan cosas malas. Por ejemplo, de la legitimación de capitales. Si ustedes no tienen una licencia bancaria, ¡nada de lavar de dinero para ustedes! Pero si en efecto, tienen una licencia bancaria... Bueno, en ese caso, tenemos que proteger a "el sistema". Habrá una multa. Por lo general, la multa será inferior de lo que realmente habrán ganado legitimando capitales. Y ustedes podrán salirse con la suya, ¿verdad? Por supuesto, no queremos ver ningún financiamiento a terroristas... excepto por los que financiamos a través del Departamento de Estado, la CIA o los bancos, en cuyo caso, se tratará de buenas personas. Serán reguladores capturados.

Capitalismo Clientelista

Ese tipo de situación fomenta conductas que son fundamentalmente parasitarias. Cuando el capitalismo falla de este modo en particular, cuando terminamos con un capitalismo completamente clientelista, tenemos lo que se conoce como cleptocracia. La cleptocracia proviene de la palabra griega 'klepto', que significa ladrón, y 'krátos', que significa poder. Los ladrones están en el poder, literalmente. Eso es cleptocracia, cuando los comportamientos más parasitarios son recompensados. Cuando se dirige un negocio a esta escala, en realidad no se trata de competir. Se trata más bien de encontrar la tubería más grande, el mayor caudal monetario en la economía, acaparar esa tubería, clavarle un tubito improvisado y extraer de allí la mayor cantidad de dinero posible.

Cuando eres un gran jugador dentro del cártel bancario, puedes establecerte como una sanguijuela parasitaria viviendo de chupar flujos de dinero ajeno. La idea es encontrar un trabajo que requiera de un intermediario; por supuesto, un intermediario será siempre requerido porque te habrás asegurado de comprar algunos abogados para redactar alguna ley y luego, algunos cabilderos para persuadir al Congreso de tener que adoptar esa ley. Te asegurarás de que esa ley necesite de un intermediario (específicamente, tú mismo). Luego clavas el colmillo en ese flujo de dinero y empiezas a extraer rentas. Se le conoce como conductas rentistas. Tomarás un medio punto porcentual por aquí, medio punto porcentual por allá. Y tú proporcionarás poco o ningún valor a quienes te paguen esas rentas.

También tenemos esta cosa maravillosa llamada banca de reserva fraccionaria. Si no estás familiarizado con la banca de reserva fraccionaria, en esencia es que los bancos comerciales toman un dólar y crean otros nueve dólares de la nada. Si le explicaras eso a un niño de cinco años, probablemente se volvería y diría: "¡Eso suena a fraude!" Ellos tendrían razón. Por supuesto, existe una gran diferencia entre algo que suena a fraude y algo que es legal. La gran diferencia suele ser el tamaño del cheque legalizador.

Tenemos estas empresas parasitarias, sentadas encima de estos caudales de dinero, extrayendo rentas. Crearon este comportamiento de búsqueda de rentas y, al hacerlo, interrumpen la competencia comprando y demandando a los competidores, o incluso mejor, asegurándose de que los competidores no puedan mantenerse al día con la regulación. Capturan a los reguladores para mantener a raya a la competencia. Al hacer esto, han orquestado un cártel.

Luego se aseguran de que nadie los llame "cártel". En cambio, lo llamamos "el ejemplo brillante del capitalismo estadounidense". El resultado final de esto es espantoso. Obviamente, no se trata de un buen modelo para una economía y ciertamente no es un mercado libre.

Cuando el Dinero Deja de Funcionar

Pero, ¿a quién le duele realmente? ¿Qué importa si un grupo de personas se vuelve obscenamente rica sin tener que competir? ¿Realmente importa?

Bueno, para la mayoría de las personas en una próspera economía semifuncional, no importa. Esa es la magia. A no ser que el dinero deje de funcionar, parte de los beneficios de la libertad, así como la cuota de libertad que cedemos, es la capacidad de que no nos importe un carajo el cómo funciona el fulano dinero. No necesitamos preocuparnos por estos detalles; ¡ya vives en un país libre! En su lugar, somos libres de prestarle más atención al fútbol dominical, disfrutar de nuestras vidas y comernos otro hot dog.

Pero cuando el dinero deja de funcionar, de repente se abren nuestros ojos y se desvanece nuestra amnesia. Entonces Tenemos que empezar a aprender un vocabulario nuevo. A finales de 2008, todos tuvimos que empezar a aprender.

"Abuela, ¿qué es una permuta de incumplimiento crediticio?" "No lo sé. Preguntémosle al tío John. Él tiene un título en finanzas". "Él tampoco lo sabe".

La mitad de las personas en finanzas no sabía qué era una permuta de incumplimiento crediticio, cómo funcionaba o qué se escondía detrás. De repente, todo el mundo necesitaba saber qué era una permuta de incumplimiento crediticio, porque aparentemente esa cosa le hizo un agujero gigante a la economía justo en el medio. Cuando el dinero deja de funcionar, todo deja de funcionar. Entonces estás en un curso intensivo para averiguar de quién fue la culpa.

Re-Escribiendo la Historia

Hay dos historias alternativas. En una de estas historias, hubo algunas chambonadas. Pasaron algunas cosas. La gente cometió algunos errores graves. Pero, ya sabes... son solo gente que intenta hacer su trabajo. Al final, todo fue culpa principalmente de los codiciosos propietarios de viviendas que no leyeron la letra pequeña con suficiente atención como para darse cuenta de que estaban comprando con una tasa de interés en expansión. Tuvieron la osadía de pretender ser dueños de una casa. Debido a esta gente codiciosa, el mercado inmobiliario tuvo un traspié.

¡Pero que no cunda el pánico! A esas personas irresponsables, se les quitaron las casas. Los bancos recibieron algunas infusiones de efectivo, de las que no queremos hablar mucho... Todo se arregló, aprobamos algunas leyes y no volverá a pasar. Realmente, fue solo un lapsus. En los próximos diez años, simplemente reconstruiremos todo. Todo mundo está feliz. ¡Ahora tenemos una economía pujante que está funcionando muy bien!... Esta es la primera historia.

La historia número dos, puede resultarle familiar a muchos de ustedes, que probablemente pertenezcan a la clase media. Nos robaron sin darnos cuenta, destrozaron la economía, tuvieron una orgía de fraudes y siempre supieron exactamente lo que estaban haciendo. Hay montañas y montañas de pruebas que el abogado anticorrupción más estúpido, podría utilizar para desentrañar todo el asunto y enviar a quinientas personas directo a la cárcel durante veinticinco años. Pero todo esto fue totalmente ignorado porque debíamos primero, salvar al sistema. De lo contrario, el sistema nos aplastaría a todos.

Echamos más de 10 millones de millones de dólares, en una borrachera de flexibilización cuantitativa en los vertederos de los bancos, quienes no usaron nada de ello para estimular ninguna parte de la economía, sino para hacer estallar otra gigantesca burbuja inmobiliaria, otra más en el mercado de valores, y otra en el de bonos, en el de créditos para estudiantes, en el de créditos subprime y en cada sector de la economía.

Mientras tanto, se aseguraron de que aquellos policías de allá afuera, molieran a golpes a quienes tuvieran el atrevimiento de protestar como parte del movimiento Occupy Wall Street. Así que eso no funcionó. Convirtieron la protesta en un crimen. No solo dañaron la economía, sino que violaron el estado de derecho en este país y manipularon el sistema judicial para poder salir impunes.

Destruyendo el Estado de Derecho

Hoy hemos cerrado el círculo. Diez años después, ¿dónde estamos? Una deuda de diez billones de dólares, diez burbujas gigantes más. Volverá a suceder, porque un sistema así es frágil y corrupto; está diseñado de tal manera que recompensa y fomenta ese tipo de comportamiento. En un sistema de incentivos donde la pena es menor que las ganancias que se obtienen al cometer el delito, deriva en inmunidad legal. Esa es una señal muy fuerte, en un sistema de capitalismo clientelista, que clama: "Hazlo de nuevo. Solo que esta vez, ¡apalanca más! Quizá podríamos sacarle provecho a otros diez años".

Cuando el resultado de salvar al sistema es la destrucción de los medios de vida de las personas, estas se enfurecen. Por lo general, esa rabia se desvía. Hay un viejo adagio que dice que el rico que tiene noventa y nueve galletas, le dice al de clase media que tiene solo una: "¡Cuidado! Ese campesino se quiere llevar tu galleta". Ese es el truco más antiguo del juego.

Uno de los hogares robados por la compañía de firmas robóticas de Steven Mnuchin pertenecía al tipo (a quien no nombraré porque no merece ser identificado) que envió bombas por correo a los críticos de Trump y a las oficinas gubernamentales en los EE. UU. Solo un par de semanas atrás. Steven Mnuchin censuró robóticamente a ese tipo y él a su vez dirigió su ira a inmigrantes, homosexuales y demócratas. ¿Por qué? No lo sé. El punto es que, cuando se tiene este tipo de destrucción financiera y del capital de una sociedad, cuando se destruye el estado de derecho y se crea furor entre la gente, ellos no sabrán a dónde acudir. Lo que obtienes es violencia, extremismo, intolerancia, odio y un deseo desesperado de encontrar a alguien a quien culpar.

Por supuesto, realmente no se puede responsabilizar a Mnuchin y a otros como él. Ellos están detrás de muros muy altos con muy buena seguridad. Las guillotinas están pasadas de moda. Lo intentaron en Francia, pero no podemos volver a hacerlo porque ahora somos un país civilizado.

Entonces, ¿Qué hacemos? ¿Protestamos? Eso termina siempre en una ola de violencia por parte de la policía militarizada, que se corresponde con lo que la policía siempre ha hecho. No puedes hacer eso. ¿Ocupar? Eso fue probado. De nuevo, una ola de violencia. Muchos electores jóvenes intentaron la apatía. "Me importa un carajo. Estos viejos la cagaron. Simplemente iré y jugaré mi juego e ignoraré todo esto". Eso no funciona muy bien. ¿Estas tratando de convertirte en parte de la clase parasitaria, abriéndote camino para escapar de la clase media? Bueno, hay una marea de mierda justo detrás de ti y se mueve más rápido que tú. La clase media se está deslizando hacia atrás tan rápido que, mientras intentas salir de ella, todavía estarás retrocediendo, por lo que eso no funcionará.

Cambiar la Arquitectura

¿Cómo solucionamos este problema? Lo primero que debemos hacer es identificar por qué sigue sucediendo esto. En mi opinión, al mirar esto desde una perspectiva tecnológica, la arquitectura se manifiesta como la base del problema. Una arquitectura de jerarquías y centralización es la responsable de esto. El comportamiento parasitario se ve recompensado porque hay flujos de dinero centralizados que alguien puede intervenir. El modelo tradicional del comercio, en el que se visita, se interactúa y se comercia con otras personas que nos rodean en nuestras comunidades, un sistema de comercio directo entre contra-partes, ha sido tomado y ha sido convertido en un sistema que yo llamo parte-a-corporación-a-corporación-a-contra-parte. Cuando voy y le pago a mi carnicero, allí intervienen Visa, Chase y otros tres bancos más. Todos le clavan el colmillo a ese flujo de dinero. Cuando el dinero le llega a mi carnicero, le llega mucho menos.

¿Cómo podemos hacer que un sistema semejante funcione? ¡Es absurdo! Para ello haría falta crear una sensación de apatía, combinada con la comodidad de agitar un trozo de plástico. Tendría que crearse una nube oscura alrededor del efectivo ("¡terroristas!") Y pretender que es algo de lo que deberíamos deshacernos, porque la gente podría usarlo para evadir impuestos. Por supuesto, las personas que evaden impuestos utilizan corporaciones, abogados muy caros, y en efecto, se salen con la suya. Pero el carnicero podría evadir algunos impuestos si usamos efectivo, así que ¿erradicaremos el efectivo?

Semejante jerarquía no solo es venenosa para el sistema de comercio que tenemos. No es solo nuestro sistema bancario. Esto se termina convirtiendo en un refugio para los parásitos porque la misma arquitectura concentra el poder, crea un sistema de recompensa por el comportamiento parasitario.

Esto está sucediendo ahora mismo con los cárteles de la información.

"Tomemos la identidad de todo mundo, pongámosla en una olla grande, coloquemos a Mark Zuckerberg en la tapa de la olla y... ¡Caramba! arruinamos nuestro sistema electoral". *"¡Pero aún tenemos videos de gatos!"* "Oye, la democracia está muriendo-" *"¡Pero tenemos videos de gatos!"*

Y eso está bien, ¿verdad?

Los Costos Ocultos de la Comodidad

Los cárteles de la información, los cárteles de los sistemas de pagos y del sistema electoral están tan centralizados que el Secretario de Estado de Georgia puede postularse para gobernador y estar a cargo de las elecciones y del registro de votantes al mismo tiempo. Tenemos máquinas de votación electrónica que lo hacen tan rápido que puede contar los votos incorrectamente en una hora, en lugar de contarlos correctamente durante tres días. Tenemos conveniencia. Podemos tocar la pantalla para votar, y aunque el sistema cambia nuestro voto a otra cosa, ¡es contabilizado, instantáneamente! ¡Conveniencia! Y la democracia muere un poco más.

Tenemos la libertad de ignorar la mayoría de estos efectos secundarios negativos remotos que surgen de la centralización. En este país tenemos una cantidad increíble de ímpetu económico y un trato sucio con los saudíes para vender petróleo solo por dólares estadounidenses. Eso asegura que seguiremos teniendo tasas de interés bajas y que el resto del mundo seguirá comprando bonos del tesoro. Podemos mantener un estilo de vida cómodo. La ilusión de que esto seguirá funcionando nos permite aceptar este comportamiento y no esforzarnos demasiado para cambiarlo. Nadie ha entrado en pánico. No es una emergencia. Fue en 2008, pero eso fue "arreglado". "No se preocupe. No volverá a suceder", dicen. Pero en realidad no arreglamos nada, así que la próxima vez será aún peor. Aún existen los mismos síntomas, pero no te preocupes, dicen.

Mientras no nos preocupamos, alguien en Argentina sí se preocupa porque su moneda se desplomó un 45%. Lo están experimentando este mismo año de manera acelerada, en un entorno en el que no pueden simplemente subcontratar su deuda con el resto del mundo a cambio de petróleo y guerra. Sufren las consecuencias de inmediato. Está sucediendo en Venezuela y nuevamente en Brasil. Está sucediendo en Turquía, Ucrania y docenas de otros países.

Hasta ahora, en todos estos países, cuando su amado líder decía que su moneda se estaba derrumbando y su economía se estaba muriendo, intentaban afirmar que no se debía a la corrupción sistémica que plaga todo el aparato productivo, o debido al comportamiento parasitario de las jerarquías que se chupaban todo el dinero de la clase media, raspándole la cáscara a la economía. En su lugar, afirmaban que se trataba de un sabotaje de los extranjeros de al lado o de alguna otra amenaza externa. Y no solo era un deber patriótico usar su propia moneda, sino que también era un deber patriótico no salir del país. Por supuesto, los refugiados lo hacen todo el tiempo, así que aparentemente no son tan patrióticos.

Una Puerta de Escape

Hasta 2008, realmente no había alternativa, no había salida.

Tener dólares estadounidenses como moneda extranjera, acumular oro o ponerlo debajo del colchón, eso le hacía fácil a cualquier gobierno las medidas de control, desarticulación y censura. Es fácil confiscar tu oro y allanar tu casa. Si se te sorprende comerciando con moneda (más) fuerte, como lo es la moneda extranjera, con otras personas, tú podrías recibir un disparo. No les bastará con ponerte una multa por un delito menor, no. Estos países toman como rehenes a toda su población en sus espirales de hiperinflación.

Entonces algo sucedió en 2008: Bitcoin. Por primera vez en la historia moderna, hubo otra opción. Esa opción no es solo una moneda más. Es una moneda que no se puede confiscar fácilmente, y que se puede transmitir fácilmente a través de las fronteras, que puede ser utilizada como bote salvavidas por personas que no pueden salir físicamente de sus países. Pueden salir de sus economías virtualmente, comerciando con otra moneda justo donde están, creando una microeconomía paralela en su comunidad que se conecta a otros pequeños botes salvavidas. La vida ahora puede continuar más allá de las crisis. Ya no tienen que hundirse con el barco del estado para ser patriotas.

Eso está sucediendo hoy en Venezuela, en Argentina y en Turquía. Antes de eso, en Chipre y otros lugares. Está sucediendo una y otra vez, a medida que la gente descubre que tiene otras opciones. Ciertamente, hoy en día, muy poca gente puede escapar efectivamente. Se requiere un nivel de alfabetización, aritmética y confianza tecnológica que aún no está presente en las masas. Pero pensemos en lo que sucederá en veinte años cuando un dictador decida tomar como rehén a toda una economía y el 25% de esa población le diga: "¡Adiós! Me llevo mi dinero ahora".

Y sacar ese dinero no viene a ser un acto de inversión como vemos aquí en los Estados Unidos. La gente dice: "Invertiremos en bitcoins", como si fuera una especie de acción bursátil. "Vamos a comprar barato, vender caro. ¡Hagamos mucho dinero, hagámonos ricos rápido!"

En cambio, el acto de escapar equivale a decir: "Tomaré mi capital productivo, mi trabajo, mis servicios, mis productos y los pondré a disposición de esta moneda. Estoy entrando simultáneamente en una nueva economía, comerciando con otras personas que están conmigo, y he salido. He retirado mi participación, y le he dado la espalda a un sistema que está roto". Solo sobre esa base, esta ya es una tecnología que cambiará el mundo. Pero aún así, no se trata solo de esto.

Descentralización

Probablemente hayan escuchado el término descentralización. Especialmente cuando hablamos con otras personas sobre criptomonedas o cadenas de bloques abiertas. Para la mayoría de la gente, la descentralización realmente no significa nada. Es una palabra vaga que no tiene ningún impacto en sus vidas.

Descifremos qué significa descentralización.

La descentralización en su forma más pura significa "de par-a-par", significa "de extremo-a-extremo", significa "directamente entre contra-partes", y significa remover a los intermediarios. Significa volver a conectarnos los unos con los otros para que podamos tener transacciones directas, e interactuar. No solo con dinero, sino también con confianza, con gobernanza corporativa y otras cosas que podrían habilitarse a través de contratos inteligentes. Ahora podemos hacer todas estas cosas sin intermediarios.

¿Qué servicios ofrecen los intermediarios? En la mayoría de los casos y de los mercados, el propósito fundamental de un intermediario es doble: proporcionar un mecanismo para que dos partes (como un comprador y un vendedor) participen en cualquier tipo de transacción de confianza para encontrarse. Los intermediarios crean condiciones en las que las personas pueden encontrarse. Eso es lo que hace Uber. Los conductores están allá afuera; los clientes están allá afuera. ¿Qué está haciendo Uber? Los están ayudando a encontrarse. Esa es una buena función, pero también podríamos hacer eso solo con software.

¿Por qué exactamente, al día de hoy, necesitamos crear todos estos mercados de extremo a extremo donde la gente necesita encontrarse? Por un tema de confianza. No puedo confiar en el conductor, a no ser que exista alguna forma de convalidar su confiabilidad, a través de algún tipo de revisión o experiencia previa. El conductor no puede confiar en que un cliente realmente le pagará. La confianza, hasta 2009, era una función que solo podían realizar los intermediarios que actuaban en una cadena jerárquica de fiscalización. "Puedo confiar en este intermediario porque él es supervisado por otro intermediario, que a su vez es supervisado por otro..." La teoría dice, que eventualmente esta cadena llega hasta la supervisión de un representante de algún organismo electo, sobre el que tenemos alguna influencia, con el consentimiento de sus gobernados. El intermediario trabaja para mí, a través de mis representantes, y son de confianza porque tienen la supervisión que deriva del voto. O al menos tendré algún recurso si mi confianza fuera defraudada.

En la práctica, eso no es lo que sucede. En la práctica, el

intermediario se vuelve lo suficientemente poderoso como para comenzar a comprar intermediarios su alrededor y por encima de ellos. Se hacen cada vez más grandes, comienzan a succionar y extraer más y más rentas del sistema, hasta que finalmente compran a las personas que los supervisan. Ahora los parlamentarios trabajan para ellos y nosotros dejamos de formar parte del sistema. Ya no es de parte-a-contraparte. Ahora es de parte-a-corporación-a-corporación-a-contraparte. Hemos quedado fuera.

Desintermediación

Recientemente alguien me preguntó: "Si una persona sin hogar en la calle le pidiera una donación, ¿cómo le paga con bitcoin? ¡No puede pagarle con bitcoin!" De hecho, puedo hacerlo y lo he hecho. Tardo quince minutos. Debo enseñarles cómo instalar una cartera, dónde pueden gastar sus bitcoin y cómo encontrar a otras personas. Se convierte en un ejercicio de educación ligeramente condescendiente, por supuesto, pero a veces vale la pena. También les doy algo de dinero en efectivo porque no soy un monstruo. Decidir dar propina en restaurantes o dar dinero a personas sin hogar solo en bitcoins es despiadado. Pero en cuanto a darles bitcoins en sí, eso es realmente bastante simple.

Mi contra-pregunta a esta persona fue: "Dime, ¿cómo le pagas a la persona sin hogar con una tarjeta de crédito? ¿Cuántos de ustedes llevan tanto dinero en efectivo así como para usarlo para otros propósitos mas allá de dar propinas? ¡Casi nadie! Hemos subcontratado nuestro mismísimo comercio a nombre de estos intermediarios. Tengo una pregunta sencilla para ustedes:

En esta sala, esta noche, ¿cuántos de ustedes tienen una cuenta mercante con su punto de venta de tal modo que me puedan aceptar una tarjeta de crédito? Yo la tengo. A ver, cuento dos, tres, cuatro, cinco, seis, siete, ocho, nueve de 380 personas. Es decir, casi ninguno de ustedes puede aceptar mi tarjeta de crédito como forma de pago. Y absolutamente ninguno de nosotros puede aceptar un pago directamente con tarjetas de crédito. Es obligatorio utilizar intermediarios. Y no sólo uno. Están apilados juntos para formar una pequeña pirámide de intermediarios. Es posible que puedas pagarme con tu tarjeta de crédito, usando PayPal. En ese caso, PayPal, Visa y Chase Bank (por ejemplo) podrían estar involucrados. Pero, ¿se han dado cuenta de que ellos en realidad no están *haciendo* nada? ¿Que hicieron ellos? ¡Movieron algunos bits en Internet! Hemos estado moviendo bits por Internet durante veinticinco años, ¡prácticamente sin costo! ¿Cómo fue que esta gente se dio cuenta de que esto cuesta el 2% de mi transacción?

Quizás lo más grande que la Internet ha hecho por nosotros se pueda resumir en una sola palabra: desintermediación.

¿Necesito hoy día poner un anuncio clasificado en un periódico para vender mis muebles a mi vecino? Oh no, yo no. Así que… adiós periódicos. ¡Ups, se han ido! Una industria que existió durante cientos de años, ahora es solo una cáscara hueca que se encarga de "entretenimiento informativo". Varias otras industrias han caído gradualmente de rodillas ante este poderoso efecto de la desintermediación.

La desintermediación es importante porque nos permite hacer dos cosas: acortar la distancia entre compradores y vendedores y eliminar puntos de fricción o control. Significa menores costos, servicio más rápido, una interacción más directa entre el proveedor del servicio y la persona que lo consume. Podemos empezar a comportarnos como seres humanos que interactúan entre sí. Si le compro directamente a alguien, sé quién es ese alguien. No se necesitan tres intermediarios de confianza entre nosotros. La desintermediación los elimina.

Desmantelando el Sistema-de-Control

El otro problema insidioso de los intermediarios es el control que ejercen sobre nosotros. No solo agarran una parte de todo aquello en lo que están involucrados, sino que también comienzan a decirnos lo que podemos y no podemos vender, a quienes les podemos o no venderle, a qué país podemos enviar dinero y a cuales no. Eso podría estar bien si compartieran mis principios morales y decidieran que: 'No, no deberíamos enviar el 40% de nuestro presupuesto a Lockheed Martin y al General-"verga"-Dynamics para bombardear a personas de todo el mundo. Quizás deberíamos hacer otra cosa'. Pero no, no tienen mis principios morales, y probablemente tampoco tengan tus principios morales.

Ellos piensan que está muy mal enviar dinero a WikiLeaks, que nunca ha sido condenado por hacer nada malo. Pero está perfectamente bien enviar una contribución al capítulo de Alabama del Ku Klux Klan (KKK).

Un problema fundamental de nuestras plataformas hoy en día es que estos intermediarios se endilgan el rol de guardianes. El efecto secundario no es solo el 2% adicional que nos cuesta cada transacción; es la erosión de la democracia. Es la destrucción de todas las demás instituciones sobre las que solíamos tener control. Ya no tenemos elección, ya no tenemos voz. ¿Qué queda cuando no tienes opción, cuando no tienes voz?

Salirnos.

Podemos salir por la vía difícil, intentando meter a cincuenta personas en un bote diminuto y cruzar el Mediterráneo, provocando una crisis artificial. Pero podemos salir de una manera un poco menos difícil diciendo "No participo más. Daré la espalda a este sistema parasitario centralizado. Elijo usar plataformas descentralizadas para mi dinero, y para mis pagos. Quizás, en el futuro, también lo haga para mis discursos, mis publicaciones, mi organización corporativa y otras interacciones basadas en la confianza". La confianza solía ser una función de jerarquía. Ya no lo es. La confianza es ahora un protocolo.

Cuando tenemos las herramientas tecnológicas para transformar instituciones dependientes de la confianza en protocolos de par-a-par, recuperamos ese control. Eliminamos a los intermediarios. Les cortamos sus suministros. Si deseas detener a un parásito, primero debes dejar de alimentarlo. De eso se trata todo esto. Por eso es importante la descentralización.

Cuando hablo con audiencias de Argentina, Grecia, Chipre y otros lugares del mundo quienes no pertenecen al 5% de la población que tiene nuestras ventajas, ellos lo entienden. Ya han visto las consecuencias, dos o tres veces en una sola generación. Han visto lo que sucede cuando el dinero falla, cuando las instituciones son corrompidas, erosionadas y finalmente destruidas por estas organizaciones parasitarias. Estas organizaciones parasitarias siguen surgiendo porque nada ha cambiado en la arquitectura fundamental. Si la arquitectura es una pirámide, alguien subirá a la cima. Cambiar a las personas en la cima no cambia la arquitectura. La corrupción seguirá fluyendo hacia arriba.

La Inutilidad de "No Seas Malo"

Las corporaciones no son inmorales, son amorales. Son máquinas que solo se mueven en una sola dirección, sin guía para la moral, porque no tienen moral. La gente en la parte superior ve una gran tubería caudalosa de dinero, lista para invertir millones o miles de millones de dólares en algo, cualquier cosa en realidad, y querrán una parte de ello. Le clavarán una pajilla.

"¿Cómo aumentamos nuestro margen de beneficio esta semana?" "Bueno, podríamos vender tecnología de reconocimiento facial a las fuerzas del orden. Después de todo, ¿qué podrían hacer con ella?" "Oye, ¿el Departamento de Policía de Oakland no asesinó a un montón de sus propios jodidos ciudadanos, a pesar de que estaban desarmados?" "Sí, pero si ellos violan la Constitución, probablemente también estarán violando nuestras Condiciones de Servicio. Así que podremos clausurarlos".

¿A quién diablos creen que están engañando? ¿De Verdad?

No puedes detener estas cosas diciendo: "¡Sé buen chico, Amazon!

Sean mejores personas. ¡No sean malvados!" Qué gran lema. Pero no puedes arreglar nada de esa manera. Necesitamos dejar de alimentar al parásito. Tenemos que cambiar la arquitectura fundamental. La razón por la que estos delitos pueden ser cometidos por grandes corporaciones es por la centralización. Han aprovechado la conveniencia de la compra con un clic, del perfil compartido y de todas las micro-violaciones a nuestra privacidad. Han construido un cártel masivo de la información que despacha miles de millones de dólares, que les permite centralizarse y convertirse en parásitos. En realidad, son bastante benevolentes en este momento. Pero sabemos a dónde va a parar todo esto. No va a mejorar. No se resolverá por si solo mágicamente a nos er que cambiemos la arquitectura fundamental.

Arquitectura de Igual-a-Igual

La razón por la que Bitcoin es tan fuertemente repudiado por aquellos que ejecutan la arquitectura actual es porque dice: "No necesitamos más de tu permiso. Tu regulación no está funcionando. No puedes escalar para resolver los problemas de este planeta. En un nivel muy fundamental, tu arquitectura está mal".

La arquitectura que queremos es de igual-a-igual, plana, descentralizada y de extremo-a-extremo. Es una que está innovando en la frontera tecnológica, sin pedir permiso, y es una que forma parte de la experiencia de todos nosotros. La arquitectura de igual-a-igual es importante: tanto en dinero, como en gobernanza corporativa, como en la legislación y las elecciones.

Pero lo primero y más importante, es que tenemos que matar de hambre a los parásitos. Lo primero que tenemos que romper es el cártel del dinero. Y la forma de hacerlo es saliéndonos, utilizando dinero de igual-a-igual.

Gracias.

Bitcoin: Un Banco Suizo en el Bolsillo de Todos

El video de la presentación original de esta charla se grabó en la *Gira de La Internet del Dinero de 2019* de Andreas. Este evento fue organizado por la Swiss Bitcoin Association en Zurich, Suiza; junio de 2019. Enlace del video: https://aantonop.io/SwissBank

Promotores de Comunidades

Un gran saludo para ustedes, ¡que grato es verlos a todos! Es muy divertido estar de nuevo en Zúrich. La última vez que estuve aquí en Zurich, di una charla para una asociación de banqueros suizos. Había muchos más trajes en esa habitación. Cuando veo demasiados trajes en una habitación, me siento realmente incómodo. '¿Están tratando de venderme algo? ¿Es esto un funeral? ¿Qué acaba de pasar?' Estoy muy feliz de que hoy tengamos a tanta gente de la comunidad. Parece que se apareció toda la comunidad. Muchas gracias por venir esta noche. Escuché que este es ahora el evento de encuentro más grande que ha ocurrido en Europa sobre el tema de las cadenas de bloques abiertas. Muchas gracias por darme la confianza y venir a este evento.

El evento de hoy cuenta con el apoyo de mis patrocinadores. Esto es parte de un recorrido por siete ciudades; las últimas cinco ciudades de esta gira son todos eventos comunitarios a los que se puede asistir gratis. La única razón por la que puedo hacer esto es porque mi trabajo es financiado directamente por la comunidad, a través de donaciones. Lanzaremos este video primero en Patreon, y luego para todos los demás en YouTube. Esta noche estaré realizando una ronda de preguntas y respuestas después de mi charla, pero también hago una sesión mensual de preguntas y respuestas para los promotores de comunidades en Patreon, en caso de que no puedas obtener una respuesta a tu pregunta de esta noche.

Olvídate de Libra

El tema de mi charla tomará un desvío radical. Realmente no voy a hablar de 'Reflexiones Sobre el Futuro del Dinero Programable'. Si ustedes han visto algunas de mis presentaciones, ya conocerán este truco. Cada vez que doy una charla, hay improvisación. Hablo de un tema que decido ese mismo día. El problema es que, meses antes del evento, los organizadores me preguntaron: "De qué vas a hablar". Y yo digo: "No lo sé". "¡Pero necesitamos un título!" Así que pensé: "¿Cuál es el título más genérico posible que me permita hablar de absolutamente cualquier cosa?" ¡Reflexiones Sobre el Futuro del Dinero Programable!

Y no es de eso de lo que voy a hablar esta noche. Tampoco voy a hablar de Libra. Porque ¿adivinen qué? Incluso con un tema tan amplio como 'Reflexiones Sobre el Futuro del Dinero Programable', Libra realmente no encaja. No es dinero, ni es realmente programable. Ni siquiera sé si tiene futuro. Pero sí que tengo algunos pensamientos. Grabamos un par de programas de 'Hablemos de Bitcoin' sobre el tema de Libra. También di una charla en Edimburgo, que publicaremos pronto. Si quieres escuchar mis pensamientos sobre eso, ya aparecerá. Estoy seguro de que la primera pregunta de nuestra sesión de preguntas y respuestas será sobre eso. Lo discutiremos entonces, pero no quiero hablar de eso esta noche. Esta noche habrá algo más.

El Debate Sobre La Criptografía

Hablemos de tecnología "buena" y tecnología "mala".

En 2016, el presidente Barack Obama dijo algo sorprendente en el festival del South by Southwest. Estaba hablando de 'criptografía invulnerable', pero la referencia también se aplica aquí. Él dijo que usar criptografía sería como si "todo el mundo estuviera caminando con una cuenta bancaria suiza en su bolsillo". ¿En serio? Poco sabía él, que esta sería una publicidad fantástica para las criptomonedas.

Exactamente. Esto sería como si todo el mundo tuviera una cuenta bancaria suiza en el bolsillo.

Por supuesto que no lo quiso decir como algo positivo, como algo por lo que todos deberíamos estar emocionados. Él estaba traficando con el miedo. "¡Buuhh! Imagínese si todo el mundo pudiera tener una cuenta bancaria suiza en el bolsillo". No solo sus amigos, o todas las demás personas en el Congreso. No solo los cabilderos y ejecutivos que pagan por sus campañas. No solo todos los fabricantes de armas y todas las demás personas con las que él suele hablar, ¡sino todos y cada uno! '¡Guácala! Esa gente'.

Por supuesto, Barack Obama estaba equivocado. Tener criptomonedas no es como tener una cuenta bancaria suiza en el bolsillo. Es, de hecho, como tener un banco suizo en el bolsillo, siendo tú el director ejecutivo. En tu billetera, puedes crear un millón de direcciones, como cuentas, en tu pequeño teléfono. Puedes autorizar el equivalente a transferencias electrónicas internacionales. Puedes aplicar la "Verificación del Cliente" a ti mismo. "¿Conozco a Mi Cliente? Pues claro: un chico muy guapo, lo veo en el espejo todas las mañanas... lo conozco. ¿A quién le está transfiriendo? A mi mejor amigo. Yo también lo conozco. ¡Listo! ¡Verifiqué a Mi Cliente!"

Tú puedes tener una cuenta bancaria en tu bolsillo. Con ella, puedes participar de algunas de las actividades que realizan los bancos. Por ejemplo, lavado de dinero. Hace tres años, puse un par de mis jeans favoritos en la lavadora. No estoy bromeando, tenía mi billetera de hardware en el bolsillo delantero. Esta fue una pieza de hardware muy bien diseñada, porque pasó por un ciclo de lavado completo, un ciclo de centrifugado e incluso fue a la secadora. Lo saqué y pensé: 'No hay forma de que esto siga funcionando'. Pero funcionó. Entonces, ¿lavado de dinero? ¡Hecho! He logrado algo en mi vida que la mayoría de la gente solo puede lograr siendo banquero o conociendo a un banquero.

La Política del Miedo

Lo que dijo Barack Obama provino de la política del miedo. Por supuesto, él no es el único, ¿verdad? Todos y cada uno de los políticos cantan la misma melodía. La idea es que la privacidad en manos de la gente es peligrosa. Porque la privacidad se ha convertido en un derecho mercantilizado. Algunas personas pueden pagarlo; por lo demás, el precio de la privacidad ha aumentado más allá de lo asequible. Sólo los políticos y sus amigos tienen privacidad porque pueden pagarla.

Mira lo que pasa cuando alguien hace sonar el silbato, cuando alguien cuenta sus secretos privados. Mira cómo reaccionan los políticos. Mira lo que le está pasando a Julian Assange en este momento. Para Chelsea Manning. Para Thomas Drake. Para John Kiriakou. Si no conoce esos nombres, búscalos.

Cuando nuestro gobierno comete crímenes de guerra, la única persona que va a la cárcel es la que le dijo al periodista que el gobierno está cometiendo crímenes de guerra. Es el caso de tu gobierno también, ¿verdad? Cuando hay un escándalo en el gobierno, la persona con más probabilidades de ir a la cárcel es la persona que publicó algo al respecto. "Pero ellos no son periodistas", dicen. "¿Que no es periodista?" Adivina qué. El periodismo no es algo para lo que tengas que tener licencia. No es solo una descripción de un trabajo. Como dice el refrán, "Un periodista es aquel que comete actos de periodismo". Eso es lo que es un periodista. Cualquiera que cometa actos de periodismo es periodista. Julian Assange es un periodista que está siendo perseguido por romper el secreto de personas muy poderosas.

¿Ustedes tienes privacidad? ¡Ni se les ocurra! Porque eso los convertiría en "criminales". Quiero decir, ustedes tienen cara de criminales, especialmente el tipo de allá. *La audiencia se ríe.*

Los políticos nos presionan constantemente para que le tengamos miedo a la privacidad. Miedo a lo que pase cuando democraticemos la privacidad. De eso es de lo que estamos hablando aquí. La democratización de las finanzas, también versan sobre la democratización de la privacidad, la privacidad financiera. La privacidad financiera sustenta todos nuestros otros derechos humanos: libertad de expresión, reunión y asociación. Participación política. Viajar. Derecho al debido al proceso. Pregúntele a la gente de Hong Kong quienes están comprando boletos de tren con efectivo, porque ellos saben que la última vez que fueron a una protesta, la mitad de ellos fueron acorralados por el gobierno, porque usaron sus tarjetas inteligentes. Tarjetas, ya no tan inteligentes, ¿verdad? ¡Dame de ese buen viejo papel y monedas en efectivo!

La privacidad es un derecho humano fundamental. La privacidad y el control financieros son cosas que nosotros, a través de nuestra participación en eventos como el de esta noche, estamos recuperando. Ese derecho no nos es otorgado; siempre lo hemos tenido. Tenemos derecho a ejercer nuestra privacidad financiera. Simplemente estamos retomando su ejercicio. En muchos casos, ni siquiera no quitaron ese derecho. Algunos de nuestros vecinos y parientes, por miedo, se lo entregaron al gobierno. Le delegaron este derecho.

La idea de que, si la gente tiene privacidad financiera, el mundo se hundirá en el caos, es una tontería. Durante miles de años, hemos tenido transacciones anónimas entre personas de igual a igual. No se les realizó ningún seguimiento a las transacciones de efectivo o trueque. El mundo no descendió al caos. De hecho, muchos de los mayores logros de la civilización ocurrieron antes de la era de la vigilancia financiera. Sin embargo, ¿Ahora sí debemos tener miedo?

La Asimetría del Bien y del Mal

Detrás de la política del miedo hay una negativa a reconocer la asimetría entre el bien y el mal. El hecho es que, en la sociedad humana, la cantidad de personas que hacen el mal es muy pequeña. Equivocarse sobre el número de personas que hacen el bien es ignorar la naturaleza humana. Cuando nos involucramos en la política del miedo para castigar a las pocas personas que hacen el mal, nos castigamos a todos. Les estamos quitando la capacidad de independencia financiera y de soberanía a todos. Peor aún, le estamos dando esas capacidades y ese poder de vigilancia a un gobierno. ¿A qué tipo de gente le atrae ese tal gobierno tan poderoso? Precisamente, ¡La gente muy malvada de la que estamos hablando!

Hay más personas que intentan hacer el bien con su independencia financiera y su poder financiero que las que intentan hacer el mal. Esa asimetría está en el corazón del liberalismo clásico. Cuantas más personas sean libres, mejores resultados obtendremos en la sociedad. Deberíamos confiar en aquellas personas que persiguen sus propios intereses. La búsqueda de la felicidad, como solíamos llamarla en los Estados Unidos. Si permites que las personas hagan eso, buscarán una vida mejor para sí mismas, para sus hijos y para sus vecinos. Esa es la naturaleza humana.

Nos estamos alejando de eso y estamos creando un mundo en el que intentamos controlarlos a todos. Al hacerlo, estamos dañando la posibilidad de un futuro mejor.

El Remedio Para El Mal Discurso

En 1927, el juez de la Corte Suprema Louis Brandeis, dijo que el remedio para el mal discurso es más discurso. Estoy parafraseándolo, pero eso fue la esencia de lo que dijo. Si tú dices cosas erradas, deberías permitir que otros corrijan la información errónea y las falacias. Permitir que la verdad salga a la luz. Reparar el mal discurso con más discurso del bueno.

El remedio para las cosas malas que se pueden hacer con la tecnología no es menos tecnología; es más de la buena tecnología. Por cada cosa mala que se puede hacer con estas tecnologías, se pueden hacer muchas mas cosas que serán buenas. Incluso podemos contrarrestar algunas de las cosas malas, ayudando a más personas a hacer cosas buenas.

Cuando nuestros gobiernos, reguladores e instituciones, (que para empezar ya apenas son democráticos), intentan controlar el uso de la tecnología, están reduciendo la cantidad de personas que pueden usar esa tecnología para hacer el bien, para así contrarrestar el mal de unos pocos. ¿Adivinen qué? La gente que está haciendo cosas malas con esta tecnología no se va a detener porque usted haya aprobado una ley.

Si declaramos ilegal el comercio de criptomonedas, solo los criminales las seguirán usando. Probablemente los mismos ministros del gobierno que firmaron la ley serán los primeros criminales en comerciar con criptomonedas. Probablemente también acepten sobornos en criptomonedas. A ellos les encanta la idea de tener una cuenta bancaria suiza en sus bolsillos.

Imagínese un mundo en el que todos pudiéramos tener una cuenta bancaria suiza en nuestros bolsillos. Los malos ya lo hacen. Ellos tienen privacidad bancaria porque pueden costeársela. Si no la tienen en Suiza, la tendrán en Panamá. Si no está en Panamá, entonces es Malta. Si no está en Malta, entonces es Hong Kong. Será en otro lugar a continuación. Los malos ya tienen todas estas herramientas. Ya están infringiendo la ley porque pueden permitírselo. ¿Qué es una ley más para ellos? Nada.

La solución para los dictadores que evaden sanciones con criptomonedas son los ciudadanos que evaden a los dictadores con criptomonedas. Hay muchísimos más ciudadanos que necesitan evadir a los dictadores, que dictadores eludiendo sanciones. Deberíamos estar arrojando desde los aires la tecnología para usar criptomonedas. Deberíamos estar vaciando desde sendos B-52 cargamentos llenos de carteras de hardware, antenas parabólicas y Raspberry-Pi's sobre Corea del Norte y Venezuela. Porque Kim Jong-un ya tiene una cuenta bancaria al final de la calle. Entonces, ¿por qué no le damos a cada uno de los ciudadanos un banco suizo en su bolsillo?

Más Allá del Cinismo

Los gobiernos temen que las personas usen las criptomonedas para evadir impuestos. Las corporaciones y los políticos ya evaden impuestos. Les preocupa que nosotros, ciudadanos humildes, no paguemos impuestos, porque no habrá suficiente dinero para brindar servicios a los ciudadanos. Pero hay otras formas de financiar los servicios. Podemos unirnos con nuestros vecinos y recaudar dinero para los productos, empresas, instalaciones y servicios que queramos.

En cualquier caso, la idea de que la mayoría de la ciudadanía no pague impuestos es una visión realmente cínica. Los países con la menor cantidad de burocracia involucrada en el pago de impuestos, y donde los gobiernos realmente prestan servicios, tienen los niveles más altos de recaudación de impuestos. No es porque ustedes tengan miedo de ir a la cárcel que se pagan impuestos aquí en Suiza, es porque en realidad recibes algo a cambio. ¿Qué obtengo a cambio de mis impuestos en los Estados Unidos? Les aseguro que no es salud.

Ni autopistas. La pregunta clásica: ¿quién construirá las autopistas si dejamos de pagar impuestos? Todo lo que tengo que decir es, vayan y visiten Michigan en invierno y luego hábleme de las carreteras. No creo que los romanos tuvieran muchos problemas para construir carreteras cuando el dinero era oro anónimo que se negociaba mano a mano. Ellos casi que inventaron las carreteras.

El Remedio Para la Mala Tecnología

La mala tecnología solo se contrarresta con un mayor uso de la buena tecnología. Pero por cada problema que tenemos con las criptomonedas, los reguladores salen ansiosos por intentar resolverlos. ¿Queremos protección al consumidor? Nos llega un regulador que dice: "Creemos un comité que construya un marco regulatorio para la supervisión" ¡Ya cállate!

En su lugar, hemos desarrollado contratos inteligentes con depósitos en garantía para la protección del consumidor. ¿Qué tal si desistimos de resolver problemas para una tecnología del siglo XXI con organizaciones del siglo XVIII que están llenas de corrupción y captura regulatoria?

¿Te preocupa que la gente robe criptomonedas? Los reguladores responden: "¡Genial! Vamos a crear un sistema en el que podamos revertir todas las transacciones en la cadena de bloques"... ¡Que te calles! ¡Que no!

Usaremos firmas múltiples, multi-factores, bloqueos de tiempo, bóvedas y acuerdos. Podemos solucionar los problemas que se crean por la introducción de cualquier nueva tecnología, con tecnología más innovadora. No llegamos a este mundo moderno en el que vivimos diciendo: "¿Sabes qué? Los autos son geniales, pero serían aún mejores si usáramos caballos para tirar de ellos. Habría menos contaminación". Si creen que estoy bromeando, en realidad eso fue sugerido en su momento. Podemos ver fotos de esa idea.

Para cada problema, hay una solución que requiere fe en la naturaleza humana y la comprensión de que la mayoría de la gente usará la tecnología para hacer el bien a una enorme escala asimétrica. Hay más personas en el mundo que quieren hacer el bien.

No Todos los Gobiernos...

Podrías pensar: 'Pero yo estoy en Suiza. ¿De qué estás hablando? No tengo un gobierno corrupto que me esté robando. Tengo acceso a la banca, y también un buen servicio bancario. No necesito ocultar mi dinero al gobierno. No estoy gobernado por un dictador. Tenemos un gran sistema de democracia que no es solo representativa sino directa, con propuestas y un sistema electoral federal'. Eso es genial, de hecho, fantástico. Si todo el mundo tuviera un sistema como ese. ¡Si tan solo todo el mundo tuviera el nivel de acceso financiero que tienen ustedes en Suiza! Pero no todos lo tienen.

La pregunta entonces es, ¿por qué ustedes necesitan criptomonedas? Esta es una pregunta que surge mucho. En Venezuela, Argentina, Corea del Norte, la mitad del África sub-sahariana, el sudeste asiático y, ciertamente, en China, la gente necesita criptomonedas. Es una cuestión de vida o muerte. Se trata de liberarse de la esclavitud. Se trata de un futuro para sus hijos o la nada. Ellos necesitan criptomonedas, tú no.

Tu Tienes El Poder

Entonces, ¿Por qué las usarías? Déjame decirte por qué. Cada vez que usas criptomonedas, estás ejerciendo un poder soberano que está desviando dinero de un sistema corrupto y quebrado de las manos de bancos centrales, bancos de inversión y gobiernos, a un sistema que le da esperanzas a la gente. Cada vez que usas criptomonedas, estás ayudando a financiar los proyectos que mejoran las aplicaciones de carteras y las casas de cambio descentralizadas; estás ayudando a financiar nuevas innovaciones e investigaciones. ¿Cuántas personas aquí son desarrolladores que trabajan en Bitcoin y otras cadenas de bloques abiertas? El resto de ustedes está pagando a estas personas para que hagan un mejor trabajo. Cada vez que usan criptomonedas, estás ejerciendo tu poder.

La mentira más grande que se le ha enseñado a creer a esta generación es la idea de que no tenemos poder, o que nuestro poder es insignificante. Que los enormes problemas que existen en el mundo no se pueden resolver porque somos demasiado pequeños. Que nuestro poder es demasiado limitado. Todos hemos sido persuadidos de que solo podemos ejercer nuestro poder una vez cada cuatro años, tal vez cada dos años, incluso si te encuentras en Suiza. Todos hacemos el pequeño baile cívico y vamos a las urnas, lo que Estados Unidos no programa en un día festivo, porque ¿quién quiere que la gente realmente vote? Esta es una democracia, ¡Oh pueblo! Emitimos nuestro voto por uno de los dos posibles candidatos. Ya saben, Goldman Sachs azul o Goldman Sachs rojo.

Luego recibimos una pequeña calcomanía que dice: "¡Ya Voté!" Y sin embargo, volvemos a casa y sentimos que nada de eso hizo ninguna diferencia. Porque en todos los temas importantes del día, los partidos políticos se han asegurado muy cómodamente de que nadie desafíe el statu quo. Entonces nada de eso importa.

Puedes sentarte y decir: "No tengo poder". Puedes intentar ejercitar el poder una vez cada dos años, una vez cada cuatro años. O podrías darte cuenta de que tenemos todo el poder. Podríamos ejercerlo no una vez cada cuatro años, sino 1.460 veces cada cuatro años eligiendo utilizar y financiar productos financieros abiertos. Compartiendo con el mundo la educación sobre productos financieros abiertos, para construir una nueva economía, al mismo tiempo que le retiramos nuestro esfuerzo, creatividad y pasión a la economía de mierda quebrada en la que estamos atrapados. Vierte toda esa creatividad en el futuro financiero abierto que estamos construyendo. Ejercita ese poder una vez al día.

Si todos en esta sala lo hacemos, cambiamos Suiza. Si todos en el mundo lo hacemos, cambiamos al mundo. Tenemos un poder enorme. ¿Y qué pasa si no lo necesitas? Pues que tienes el inmenso privilegio de poseer estos productos financieros, que son de vida o muerte para muchos otros. Aprovecha ese privilegio y úsalo para ejercer un poder enorme, para crear un futuro financiero abierto para todo el mundo, hoy.

¡Gracias!

Código Imparable: La Diferencia Entre No Puedo y No Quiero

El video original de la presentación de esta charla fue grabado en el *ETH Denver Event* en Denver, Colorado; febrero de 2019. Enlace del video: https://aantonop.io/UnstoppableCode

¡Gracias!

Esta noche no hablaré de *Mastering Ethereum*, excepto por una cosa. Me gustaría decir "Gracias" a la, por lo menos, docena de personas en esta sala quienes contribuyeron a este libro. No sé si ya oyeron la historia, pero si no, les digo que trabajé duro para hacer que los libros técnicos que publico a través de O'Reilly sean libros de código abierto, que es algo que ellos no hacen con todos sus libros. Y no solo de código abierto "en un futuro eventual", no; sino código abierto desde el principio. Ustedes pueden descargar mis libros de O'Reilly desde sus repositorios de GitHub y leerlos gratis. Por supuesto, también pueden comprarlos.

Lo más importante es que tuve la libertad y el privilegio de escribir mi libro como un proyecto colaborativo en el verdadero espíritu del código abierto. Soy un gran creyente de la filosofía de los Comunes Creativos. Esa es una de las cosas que nosotros tenemos y que ninguna de nuestra competencia tiene. Y por "nosotros", hago referencia a toda la comunidad de código abierto en torno a las criptomonedas. No sufrimos la tragedia de los bienes comunes con sistemas propietarios cerrados. Celebramos un festival de los comunes a través de nuestra colaboración y creatividad. Cuando hago mi trabajo, sé que me estoy parando sobre los hombros de miles de personas que han puesto su pasión y creatividad en construir lo que tuve el privilegio de tratar de explicar en mis libros. Ese es un proceso colaborativo.

Mastering Ethereum tuvo 180 colaboradores, que impulsaron más de ocho mil cambios de versión de código y enviaron más de mil solicitudes de mejora así como de solución de problemas. Más de una docena de esas personas se encuentran hoy en esta sala. Muchas gracias a todos ustedes. Ustedes saben quienes son. ¡Gracias!

La Criptografía Como Tecnología Defensiva

El tema que vamos a abordar es un poco delicado, es el tema del código imparable. Puedo aportar una cierta perspectiva porque comencé con Bitcoin y me ha fascinado el espíritu cypherpunk, desde principios de la década de los 90s. Sí, soy así de viejo.

Parte de ese espíritu tiene que ver con el uso de la criptografía como mecanismo de defensa para reclamar, afirmar y hacer cumplir nuestros derechos humanos. Se trata de utilizar la magia de los números, no de forma ofensiva sino puramente defensiva. Para los individuo, esto aporta un poder asombroso que rivaliza incluso con el de los estados o con el de los más temibles consorcios. Los gobiernos totalitarios del mundo pueden besarme el llavero de 256 bits, pero jamás podrán utilizar la fuerza bruta contra ello. No importa cuán molestos, enojados o violentos les ponga lo que yo tenga que decir, firmar o pagar. La criptografía brinda a las personas la capacidad de hacer valer su poder y su soberanía para crear las condiciones que les permitan expresar y hacer cumplir sus derechos como seres humanos.

Creo firmemente en estas cosas. Creo en la libertad de opinión y expresión. Creo en la necesidad de crear diversos entornos en donde todos tengamos poderes que no se nos puedan quitar.

La Tensión Entre la Gobernanza y el Código Imparable

Lo que me fascinó de Ethereum desde el principio fue esta idea del código imparable. Es posible que hayan escuchado el lema de: "código imparable"; fueron las dos primeras palabras en el sitio web durante el lanzamiento. Creo que se refleja mucho en las personas que estuvieron involucradas en este proyecto desde el principio, y es la misma idea que también me interesa respecto a Bitcoin y que me ayudó a comenzar este viaje. La idea de un discurso sin censura, no porque lo solicitaste amablemente o porque a alguien le gusta lo que dices, sino porque simplemente no pueden impedirte expresarlo. Eso es algo muy poderoso, más necesario que nunca en el mundo de hoy. Gradualmente estamos cayendo en una crisis tras otra. Estamos viendo un aumento del totalitarismo. Nunca ha sido más importante brindar a las personas de todo el mundo las herramientas para expresarse, hacer valer sus derechos y ser soberanos.

Justo ahora, la mayor parte del espacio de Ethereum es esta hermosa fuente de creatividad, pasión y alegría. Me encanta. Unicornios, bufficornios, cachorritos y arco iris; el sentido de posibilidades ilimitadas. Desafortunadamente, esto no durará. Lo que estamos haciendo aquí es importante. Lo que hacemos aquí esta conquistando cuotas de poder en nombre de los individuos y arrebatándolo de las manos de aquellas formas dominantes del poder: gobiernos, corporaciones, asociaciones estatales, culturales y religiosas. Es código que se está haciendo del poder que ha estado en manos de estas grandes entidades y se lo está dando a la gente pequeña. Pero tarde o temprano, las personas que están perdiendo sus cuotas de inmerecido y abusivamente ejercido poder en esta ecuación, van a comenzar a contraatacar. Y es en ese punto, cuando descubriremos cuán imparable es realmente este código.

¿Y qué tipo de código necesita ser imparable? ¿Qué tipo de código necesitamos desarrollar para que sea imparable? Al igual que con la libertad de expresión, el único discurso que necesita ser protegido es aquel que ofende profundamente. La cháchara inocua no requiere de protección. En algunos casos, ni siquiera la merece. "El periodismo se trata de publicar lo que cierta gente no quiere que publiques; todo lo demás son relaciones públicas". ¿Habían escuchado esta cita? El único discurso que vale la pena proteger es el que la gente no quiere escuchar, y el único código que necesita ser imparable es el código que alguien está tratando de detener. Eso sí que vale la pena. Eso sí que es emocionante.

La gobernanza es una aplicación trascendente para Ethereum. El código imparable también es una aplicación trascendente, pero entre ellos dos hay una tensión sutil. Esa tensión no se manifiesta hasta que comienzas a hacer cosas interesantes.

Larga Vida a Silk Road

Fíjense, hubo una vez en que Bitcoin no había ofendido a demasiadas personas. Todavía estábamos en la etapa del "reírnos de nosotros mismos", en la ridícula etapa del desarrollo. Entonces sucedió algo interesante, llamado Silk Road. ¿Cuántas personas aquí presentes han oído hablar de Silk Road? ¡Todos ustedes! Muy bien. No voy a preguntar. Estoy seguro de que solo fueron en busca de inhaladores para el asma y de insulina. *La audiencia se ríe.*

La plataforma de Silk Road llevó a Bitcoin al centro de atención de forma prematura y asustó a muchos bitcoiners potenciales. Generó una tonelada de mala publicidad que todavía hoy persigue a Bitcoin. Allí se vinculó el gastar dinero con el consumo de narcóticos. Por supuesto, si se desea difamar a una tecnología, hablar de drogas es el primer paso, seguido del abuso infantil, y luego el terrorismo es el paso tres, pero podemos reorganizarlos según las inclinaciones de nuestros gobiernos. Si quieren provocar una buena dosis de censura, elegirán uno de esos tres envoltorios para entregárselos a las obedientes ovejas y decirles por qué es necesario detener todo aquello.

Créame que no soy ningún mojigato. Cuando se trata del consumo de narcóticos y la compra de productos en los mercados negros y clandestinos, yo lo entiendo. Pienso en las drogas en términos de biología. ¿Sabían que los delfines se drogan? Lo logran a través del pez globo, ¿lo conocen? Si a ellos se los molesta, estos peces se inflan y excretan una toxina en la superficie de su piel. Esa toxina es al menos molesta y potencialmente fatal para la mayoría de los peces. Excepto para los delfines, para quienes la toxina les pone alegres. Los delfines se drogan con el veneno del pez globo. Se reunirán en un círculo alrededor de un pez globo, un delfín lo molestará con su hocico hasta que el pez se enoja y libera un poco de la toxina, y luego se empiezan a pasar la nota entre ellos.

Ellos entienden la etiqueta social de pasarse la nota del globo. Si fuéramos la primera especie en no drogarnos, eso sería una anomalía en el reino animal. Hablando evolutivamente, hay innumerables especies de animales que se drogan o se intoxican.

Y cuando se trata de mercados de drogas, yo soy pragmático. Hay una razón por la que la gente quiere utilizar los mercados en línea. La razón es realmente simple: que no pueden ser apuñalados por la TCP/IP. Simplemente se trata de reducir los niveles de violencia. Los mercados en línea tienen un efecto muy interesante sobre las drogas. Eliminan inmediatamente la violencia, lo cual disminuye los costos ocasionados por el riesgo, hace bajar los precios y finalmente esto termina por expulsar del mercado al crimen organizado.

No intentaré persuadir a la gente de que deberíamos legalizar estas cosas aquí. El estado de Colorado está haciendo un buen trabajo. Pero sí le digo a la gente que estas cosas seguirán existiendo. Esto seguirá sucediendo porque siempre ha habido demanda y siempre habrá oferta. Donde exista demanda y oferta, siempre surgirán los mercados.

Justo después de que surgiera Silk Road, la conversación acerca de Bitcoin cambió rápidamente. Hasta entonces, bastantes corporaciones grandes hablaban de involucrarse con ello. Se les ocurrió esta gran frase: "Estamos interesados en la tecnología detrás de Bitcoin, la cadena de bloques". Ese es el sonido de diez mil ejecutivos del marketing dando marcha atrás furiosamente, porque acababan de leer un artículo sobre Bitcoin y los mercados de drogas. "Oh, mierda. ¡Quítatelo de todos los anuncios!"

Y ahora tengo una noticia para ustedes: "Estamos interesados en la tecnología detrás de Ethereum: los contratos inteligentes". Esa es una frase que se escuchará en los próximos años, ya que la gente comenzará a dar marcha atrás con furia. La razón de esto es que Ethereum podría lograr ser una plataforma viable para escribir código imparable. La próxima Silk Road podría ser impulsada por DAI, ejecutándose en Swarm y con comunicaciones Whisper, como una DApp completamente autónoma, sin administradores a los que se les pueda condenar a dos cadenas perpetuas más cuarenta años. Eso será imparable.

Cuando La Capacidad Se Convierte En Responsabilidad

En el momento en que la gente se dé cuenta de esto, habrá llamadas a cada persona prominente, cada comité, cada fundación, cada autoridad y organismo de gobierno en Ethereum. Cualquiera que parezca tener algún tipo de control. Y ellos dirán: "Sí, esto está muy lindo. Pero eso tiene que llegar hasta aquí. Se han divertido mucho hasta ahora. Sí, ya escuchamos todo aquello sobre sus "códigos imparables", de sus "contratos inteligentes" y DApps. Ya está bueno de todo eso, vamos a pararlo, ¿de acuerdo? Ahora tienen andando un mercado de drogas. Y ustedes tienen que parar eso ahora".

Las personas inteligentes de Ethereum dirán: "Bueno, no podemos". Los no tan inteligentes dirán: "No lo haré".

¿No puedo o no quiero? ¿Cuál es la diferencia entre no puedo y no quiero? **Dos cadenas perpetuas más cuarenta años de condena es la diferencia entre no puedo y no quiero.** Cuando digan que quieren gobernanza, tengan cuidado con lo que piden. La gobernanza convierte los "no-puedos" en "no-quieros". En el momento en que pasas por encima de esa línea, lo que comenzó como una capacidad se convierte en una responsabilidad. Y si afirmas que ya no tienes la capacidad, esa responsabilidad puede asumirse como negligencia. Negligencia criminal.

Entre la gobernanza y el código imparable se solapará esta delgada línea que debemos manejar con cuidado. ¿Es nuestra línea una plataforma como Silk Road? Probablemente no lo sea. Quiero decir, fíjense dónde estamos. Miren esta multitud. ¿Pero qué pasará con la pornografía infantil o el financiamiento del terrorismo?

La Relatividad de La Legalidad y La Moralidad

Y aquí está el problema: todos tenemos una brújula moral. Todos tenemos un conjunto de principios e ideales que nos gustaría creer que son universales y que por ende, todos creemos en un mismo código de conducta. ¿De dónde obtuviste el tuyo? Tal vez fue de un libro, de la evolución, de la paternidad o de la socialización. Quizás de Montessori. No lo sé, pero lo adquiriste de alguna manera. Tienes un código moral.

Bueno, te tengo malas noticias. Tu código no es universal. Es muy subjetivo e increíblemente relativo. Hablemos del relativismo moral, que es un tema divertido especialmente para los conservadores. Soy un relativista moral, no porque crea que el relativismo moral sea "la opción" moral. Irónicamente, no lo es. El relativismo moral es el reconocimiento pragmático de que, cuando miro a mi alrededor, leo mis libros de historia y miro a otras culturas o religiones, a personas con otras capacidades y oportunidades diferentes a las mías, no comparten mi moralidad. Me resulta difícil encontrar dos personas que compartan todo lo que figura en su código moral.

Y es aquí es donde el dilema entre la gobernanza y el código imparable llega a un punto crítico. En cada conversación sobre gobernanza que escucho entre los ricos y privilegiados de la América del norte o de la Europa occidental, que comparten el 90% de un código de moralidad común, pero que solo representan el 15% de la población humana, siempre me pregunto: ¿Qué estarán pensando cuando dicen que la gobernanza debe estar subordinada a un marco legal? ¿Que "nosotros" necesitamos un referencia basada en la ley? ¿De que ley están hablando? Quizás ustedes asuman que ellos hablan del marco de ley que a ustedes les compete. Pero yo no asumiría tal cosa.

Cada vez que alguien dice: "Eso es ilegal", nuestra respuesta no debería ser "Ah, ¡pues claro!". No. Nuestra respuesta debería consistir en formular la pregunta: "¿Dónde? ¿Ilegal dónde?" Si hemos de entender una sola cosa acerca de la ley, esa cosa debería ser el 'dónde'; esa es la pregunta más importante. ¿En Denver? ¿En Colorado? ¿En Wyoming o en Dakota del Sur? Si uno sale de Colorado después de consumir marihuana y va a Carolina del Sur, lo pueden arrestar por posesión, por las pequeñas cantidades del narcótico que aún circulan en el torrente sanguíneo. Allá no comparten las leyes de Colorado. No es necesario ir muy lejos para cruzar esa línea jurídica. Puede que ni siquiera sepamos que hemos cruzado esa línea, sino que la ley puede haber cambiado repentinamente, de manera muy radical. Y eso es solo en este país.

Si vamos un poco más lejos, las cosas se tornan realmente intensas. Vivimos en una burbuja. Asumimos que nuestra moralidad es la única doctrina, ética y cultura verdaderas. "¡ESTADOS UNIDOS!" Pero la verdad es que vivimos en un mundo muy variado. Cuando se habla de gobernanza y de imponer la ley, el problema fundamental es dónde y de quién es esa ley. Y vaya que odiarán algunas de esas leyes.

El ateísmo es ilegal y se castiga con la muerte en más de diez países. No a las ideas ni a las acciones. El solo hecho de no creer en uno o más dioses es ilegal. Incluso si la persona no dice nada sobre lo que cree o no, su mera existencia es ilegal. Según la ley, merece morir. Es ilegal identificarse con, o incluso simplemente ser, LGBTQ en ochenta y tres países. En Corea del Norte, solo se permiten seis peinados para hombres. *Andreas señala su propia cabellera.* Está claro que mi existencia allí es ilegal. Es posible que hayan notado que osé llamar a esto un "peinado", como si yo tuviera opción en una vuelta atrás en el tiempo para mi cabello. ¡Negación! *La audiencia se ríe.*

El caso es que la moralidad y las leyes que se apliquen serán muy relativas. Si desarrollamos un sistema de código imparable que sea globalmente accesible y sin fronteras desde el primer día, deberemos enfrentarnos a dos escenarios posibles: o bien se obedecen todas las leyes o no se obedece ninguna. Y la primera opción va a ser imposible. No podemos cumplir con todas las leyes. Habrá contradicciones. En algunas jurisdicciones, lo que sea que estemos haciendo va a ser ilegal. Simplemente me iré por la opción de 'nada de leyes'. Que se jodan. Esto es código imparable. Que no pide permiso, ni disculpas, o concesiones.

El Poder del Código Imparable

Consideren esto como un principio invariante: por cada mala aplicación que pueden darle al código imparable, yo puedo pensar en cien buenas aplicaciones. Aunque parecerán aborrecibles para los países que no comparten mi código moral, como por ejemplo, la auto determinación de las mujeres en Arabia Saudita. Una DApp que ayude a las novias de trece años a escapar del infierno de su matrimonio inminente sería aborrecible para su cultura. Podrías insertar cuatro o cinco países aquí, donde eso es aborrecible en su cultura. Sería moral en mi opinión, pero no es mi opinión lo que importa.

Si creas un marco apropiado para el código imparable, ¿qué aplicaciones podríamos escribir como seres humanos? ¿Qué aplicaciones escribiremos como seres humanos? Creo que escribiremos algunas aplicaciones geniales. Si bien no compartimos la moralidad, uno de los temas comunes de la humanidad es la bondad. Todos compartimos eso. La gran mayoría de las personas, al recibir un código imparable, crearán aplicaciones que les permitan darle a su familia un futuro, a sus hijos educación, atención médica, cuidados médicos, vivienda y oportunidades. Eso es lo que hace la gente con su libertad.

¿Adivinen qué? La libertad en sí es aborrecible en decenas de lugares del mundo. El código imparable puede arreglar eso. Pero si superponemos a ello un sistema de gobernanza capaz de darle a alguien la potestad de asumir el control, desautorizar, retroceder, eliminar y revertir, tendremos la capacidad y luego la responsabilidad. Se nos exigirá allí donde aparezca ese código, lo cual será en cada jurisdicción, una por una, que ejerzamos esa capacidad.

La Cláusula 'Uuups': Una Espada de Doble Filo

Quizá podamos decir que "No" porque ellos no podrán dar con nuestro paradero. Pero alguno de ellos dará con nosotros de alguna manera. Vivimos en al menos un país. Nunca se sabe, podríamos ver arruinarse una sola de nuestras elecciones, y luego nuestro propio gobierno nos "pedirá" amablemente que hagamos cosas abominables. ¿Y qué vamos a hacer entonces?

La gobernanza es una espada de doble filo. Con las DApps que tenemos hoy, en muchos casos necesitamos tener una cláusula Uuups. ¡Uuups!, ¡Bloqueé por accidente 150 millones de dólares en mi sistema de cartera de firmas múltiples! ¡Uuups, mi fondo mutual autónomo descentralizado se salió de control! Bueno, es cierto, si es posible que necesitemos algunas formas de gobernanza. Pero tengan cuidado a la hora de implementarlas. Piensen detenidamente en las capacidades que desean otorgarle a quien.

Si colamos en nuestro código una cláusula Uuups, conviértanla en una cláusula Uuups que autodestruya toda la DApp, preferiblemente para que pueda solucionarse ese problemilla y podamos comenzar todo de nuevo con menos cláusulas Uuups. No coloquen cláusulas "Uuups" que les permitan revertir tan solo una única transacción o intervenir al sistema de una manera selectiva.

Existe un principio en las leyes de los Estados Unidos, que es la idea del canal de servicios generales. Un canal de servicios generales es como un proveedor de servicios o una plataforma que no crea ni publica contenido en sí mismo; por lo tanto, tienen cierto grado de inmunidad en lo tocante a la responsabilidad por el contenido publicado o transmitido a través de su plataforma por sus usuarios.

Si yo utilizo el servicio telefónico para organizar una conspiración y cometer un delito, la compañía de teléfonos AT&T no será responsable de habérmelo impedido. No pueden ser considerados responsables. No pueden adaptar ni adaptarán un mecanismo de reacción ante contenidos específicos. Pero si ellos ya estuvieran escuchando a sus usuarios y discriminando contenido, ejerciendo discreción y moderación en las llamadas, y se demostrara la capacidad de eliminar algún contenido específico, las intimaciones comenzarían a llegar.

Ya yo estuve en algunas de esas oficinas y lo vi suceder ante mis ojos. Hay una máquina de fax en la esquina. Y a cada pocos minutos, salía otra hoja, con el sello del águila sosteniendo una espada y un escudo en la parte superior, rezando: "El sheriff de Mierdalandia en Pueblo-Chiquito les exige hacer esto y aquello". Si ustedes le abren la brecha a esto, pronto aprenderán los nombres de algunos lugares muy exóticos, seguido de las palabras "cesar y desistir".

Así que ni se les ocurra. No permitan en su código restricciones basadas en el contenido. No se les ocurra crear sistemas en los que ustedes tengan la capacidad de moderar. No se otorguen a sí mismos el poder de detener al código imparable. Acepten el hecho de que lo que estamos haciendo es importante.

Ya Tenemos Bastantes Códigos Que Se Pueden Detener

Esto requerirá coraje. En poco tiempo, escucharemos algunos sonidos muy diferentes de Consorcio Fulano, los socios corporativos, los ejecutivos senior y los miembros de la junta directiva, los consultores y los licenciados en negocios. Vamos a tener que recordar por qué estamos haciendo todo esto, por qué estamos construyendo esto. Porque no tiene ningún sentido desarrollar más código interrumpible. Eso ya lo tenemos. Se llama "la nube", y es una máquina de vigilancia global. Ya colocamos nuestros datos en las computadoras de otras personas, para que éstas puedan robar nuestra privacidad todos los días y ganar miles de millones de dólares. Ya tenemos bastante del código que se puede detener.

Y si vamos a construir más código de ese que se puede detener, por el amor de Dios, ¡no lo hagamos sobre las bases de una infraestructura tan difícil de escalar, tan ineficiente y de la que el simplemente explicar sus conceptos más básicos tomó 420 páginas y dos años de mi vida! *La audiencia se ríe.*

Si necesitan más código que se pueda detener, sugeriría usar en su lugar a Microsoft SQL Server Enterprise Edition, con un buen motor de replicación. ¿Lo anotaron? Esa es la plataforma para código que se pueda interrumpir. Simples bases de datos centralizadas. Ya tenemos bastantes de esas. Funcionan bien, son eficientes, y ya sabemos cómo usarlas. Hay miles, si no millones, de personas capacitadas en esos sistemas. No necesitamos más de esas plataformas.

Esta plataforma es para código imparable. Esta plataforma es nuestra promesa para el futuro. Vamos a hacer las cosas de manera diferente, porque esto sí es importante.

Gracias.

Escogiendo la Cadena de Bloques Correcta Para el Trabajo

El video original de la presentación de esta charla fue grabado en la *Conferencia DigitalK* en Sofía, Bulgaria; mayo de 2019. Enlace del video: https://aantonop.io/PickingBlockchains

La Mejor Cadena de Bloques

Hoy, quiero hablarles sobre qué cadena de bloques es la "mejor". ¿Están listos? Lo preguntaré a la audiencia. En total, a la cuenta de tres, gritarán qué blockchain creen que es la mejor. Tres, dos, uno...

Escucho: ¡Bitcoin! ¡Ethereum! ¡Litecoin! Fantástico.

De eso se trata la experiencia subjetiva. Todos tenemos opiniones, pero las opiniones realmente no importan. No importa si es la mejor cadena de bloques en su opinión o no. Tal vez sí importe si ustedes son comerciantes y necesitan adivinar qué piensan los demás. El punto es que todo esto se trata de percepciones.

No les voy a decir qué cadena de bloques es la mejor. Creo que es una pregunta ridícula incluso de hacer. Es un poco como preguntar: "¿Cuál es el mejor auto?" "¿Cuál es el mejor par de zapatos?" Depende de lo que quieras conseguir con ese vehículo o con ese par de zapatos. Si le preguntas a alguien cuál es el mejor par de zapatos, es posible que te diga: las botas de montaña resistentes. Si le preguntas a otra persona, puede que te diga: Manolo Blahniks (calzado de lujo en tacones). ¿Has probado alguna vez el senderismo en Manolo Blahniks? ¿Has caminado alguna vez en un desfile de modas con botas de montaña? No funcionarían tan bien, ¿verdad? El propósito importa. El propósito con el que deseamos construir una herramienta es importante. El propósito determina cuál será la mejor cadena de bloques.

La pregunta genérica, "¿cuál es la mejor cadena de bloques?" No tiene sentido. Necesitas indicar el propósito. Puedes preguntar,"¿Cuál es la mejor cadena de bloques para mi propósito?","¿Cuál es la mejor criptomoneda para mi propósito?" Pero no se puede simplemente preguntar, "¿cual es la mejor?" Eso no tiene sentido.

Si comienzan a leer los folletos de promoción y mercadeo, estoy seguro de que me contradecirán en lo que acabo de decir. Les dirán: "Esta cadena de bloques puede hacerlo todo. Es escalable, es segura y rápida". "Hace contratos inteligentes y muy buen dinero". "Es resistente a la computación cuántica, súper privada y utiliza encriptación de grado militar". Esa última parte solo significa cifrado de 128 bits, lo que viene a ser una bobería, pero que a fín de cuentas es el propósito de un folleto de marketing, por supuesto. La gente hará muchas promesas sobre su proyecto favorito, pero realmente deberíamos preguntarnos cuál es el propósito. ¿Qué estás intentando lograr?

La Forma Debe Seguir a la Función

En arquitectura, hay una gran frase de la década de los 80's, que es: la forma sigue a la función. La idea es que con cualquier edificio, la forma en que éste se ve, debe comunicar para qué se utiliza. La forma debe seguir a la función; la arquitectura del edificio debe reflejar el propósito. Lo mismo se aplica a las cadenas de bloques. La arquitectura del sistema debe reflejar para qué está destinado. Pero eso es algo muy difícil de hacer para arquitectos, ingenieros de software y gerentes de productos. Es aún más difícil en las cadenas de bloques públicas de código abierto. Son por cierto las únicas que me interesan y que creo que son las relevantes.

Es difícil analizar todas las opiniones sobre lo que podría hacer o en efecto hará una cadena de bloques. Elijan cualquiera de las cadenas de bloques públicas abiertas que existen en la actualidad y pregúntenle a veinte desarrolladores que trabajan en ellas sobre cuál es el propósito principal. ¿Qué se supone que debe hacer esta cosa? Te darán veinte respuestas diferentes. "Muy buen dinero". "Efectivo digital". "Puede manejar contratos inteligentes". "Puede hacer todo lo que usted necesita". ¿Pero que hace por uno? Esa es una pregunta más interesante. Debemos decidir qué cosa se adapta a la aplicación que estamos intentando crear.

No Necesitas una Cadena de Bloques Para Eso

Desafortunadamente, esa pregunta no se hace muy a menudo. Y podemos comprobarlo en el momento en que la gente todavía está tratando de aplicar la tecnología de la cadena de bloques a un montón de cosas que no necesitan una cadena de bloques. He considerado incluso llevar una camiseta en todas las conferencias de blockchain que diga: "No necesitas una blockchain para eso". Recientemente fui juez en un evento de hackathon y uno de los equipos anunció con orgullo: "Hemos puesto música digital en la cadena de bloques". Todo lo que podía pensar era "No necesitan una cadena de bloques para eso". Así que les pregunté: "¿Para qué iban a necesitar una cadena de bloques para eso?" No me pudieron contestar.

¿Qué es lo que hace una cadena de bloques? No es una base de datos de contenidos. No es solo un lugar donde almacenamos firmas digitales. Ciertamente, no necesitamos una cadena de bloques solo para eso. Una cadena de bloques no es ni escalable ni eficiente. Una cadena de bloques se supone que es descentralizada, segura y (para aquellos que a mí me importan) muy resistente contra la censura. Eso significa que debería seguir funcionando incluso cuando personas u organizaciones muy poderosas quieran evitar que siga funcionando. Para ese caso de uso, sí que necesitas una cadena de bloques.

Pero, ¿qué tipo de cadena de bloques? ¿Cómo la diseñarían?

Dilemas Intransigibles

Hablemos de los desafíos de ingeniería que se enfrentan al construir estos sistemas. Necesitamos tomar decisiones. Algunas de estas decisiones surgen en una etapa muy temprana. Por ejemplo, ¿quiero construir un sistema para un fin muy específico o con un propósito genérico amplio? ¿Por qué no hacemos ambas cosas? ¡Porque no puedes hacer ambas cosas! Los sistemas que son específicos deben optimizarse para ese propósito. Al hacerlo, ya no son lo suficientemente flexibles para manejar un propósito general. Los sistemas que son de propósito general no tienen las características únicas que necesitan las aplicaciones específicas. Esa debería ser una decisión consciente al principio. Algunas cadenas de bloques están diseñadas para aplicaciones bastante específicas; algunas cadenas de bloques están diseñadas para manejar aplicaciones genéricas. Los diseñadores en ambas a menudo afirman que ellas pueden hacer ambas cosas.

Una vez que se ha tomado una decisión sobre la primera pregunta, se deben seguir tomando más decisiones, todas las cuales implican más dilemas intransigibles. Con "intransigible" doy a entender que no puedes elegir ambos lados. Debemos elegir uno u otro. Esa elección determina el camino que tomará la cadena de bloques.

Como desarrolladores, diseñadores o arquitectos, no tenemos el poder de decirle al mercado cómo han de usar nuestro producto. Si intentamos ser demasiado específicos, el mercado puede decidir que no somos adecuados para lo que ellos necesitan. Si intentamos ser demasiado genéricos, pero con solo un tipo de aplicación en mente, el mercado puede decidir utilizar nuestro producto para un tipo de aplicación completamente diferente. Y si todo marcha bien, lo harán.

Como desarrolladores, diseñadores o arquitectos, rara vez tenemos el conocimiento exclusivo de lo que necesitan otras personas. Hay demasiada variedad. Apenas podemos imaginar lo que la gente podría necesitar en otros lugares del mundo que no comprendemos, en circunstancias diferentes a las nuestras. Ciertamente no podemos vislumbrar eso en ventanas de tiempo amplias.

Estamos desarrollando sistemas que podrían durar, deberían durar y durarán décadas. ¿Qué necesita la gente hoy día? ¿Qué necesitará la gente en 30 años? Las respuestas serán muy diferentes. Los desarrolladores que están tomando estas decisiones muy cuidadosas, tienen que considerar que las están tomando con información incompleta. Incluso si intentan diseñar algo con aplicaciones muy específicas en mente, el mercado puede decidir hacer algo completamente diferente.

Otras Funciones Pueden Amoldarse a la Forma

Volvamos a la historia de la arquitectura. En las décadas de los 60's y 70's, en California, se hicieron piscinas con formas orgánicas. Ya no piscinas cuadradas, sino con curvas. ¿Han visto antes ese tipo de piscinas? Luego hubo una gran sequía; Durante un par de años, estuvo prohibido llenar las piscinas porque no había suficiente agua.

Adivinen qué pasó después. El monopatinaje (skateboarding) se hizo popular en toda California. Los patinadores vieron todas esas curvas y pensaron: "Si me paro en el borde y pateo, ¡podríamos divertirnos un poco con esto!" Todas las piscinas que habían sido diseñadas con curvas, se convirtieron en los primeros parques de monopatinaje. Andar en patineta no era un gran problema antes y principalmente implicaba andar en líneas rectas y planas. Pero ese deporte fue transformado.

¿Creen acaso que los diseñadores de piscinas pudieron imaginarse que, diez años después, algún niño mocoso iría zumbando alrededor de ellas sobre ruedas? No. La forma sigue a la función... a veces. A veces no es así. A veces, la forma sigue la función que el diseñador pensó que tendría, y luego el mercado dice: "Tengo otra función que encaja perfectamente con esta curva". Nunca se puede saber cómo se desarrollarán las cosas.

Los Usuarios Deciden la Función

Lo mismo ocurrirá con las cadenas de bloques. En última instancia, son los usuarios y el mercado los que deciden. Ustedes pueden tener todas las ideas que quieran, incluso pueden tener un panel de seis expertos muy serios. Algunos de ellos dirán: "Esto una reserva de valores". Alguien más dirá: "Esto un medio de intercambio". Otro más dirá: "No puede ser una unidad de conteo, porque la volatilidad es demasiado alta". Y luego alguien dirá: "Quizás deberíamos centrarnos en los contratos inteligentes". Pero realmente no saben de qué están hablando, porque no pueden decidir por todos. Estas son solo opiniones, pero no representan a todos los usuarios. Son los usuarios quienes decidirán.

Ustedes pueden hacer algo que parezca encajar mejor con un caso de uso como reserva de valor o un caso de uso para contratos inteligentes. Los desarrolladores y diseñadores de Bitcoin tenían algunas ideas sobre aquello funcionando como efectivo digital. Durante algún tiempo, se manifiesta como efectivo digital. Durante otro período de tiempo, funge como dinero de apuestas especulativas. Y en otras ocasiones, cumple la función de reserva de valor, especialmente en países donde su moneda está en dificultades. ¿Cuál de todas ellas será su función principal? No lo sabemos.

Todo depende de muchos factores que aún no conocemos. Depende de lo que suceda con las monedas nacionales y la inflación en Estados Unidos, Europa y Japón. Depende de cómo se transforme el mundo. Depende de si el efectivo, tal como existe hoy día, seguirá existiendo dentro de quince años. Todos estos factores no tienen nada que ver con bitcoin.

Los diseñadores de Ethereum tenían ciertas aplicaciones en mente, principalmente aplicaciones de ingeniería. ¿Pensaron acaso que aquello se convertiría en una plataforma para lanzar diez mil estafas y acciones fraudulentas? No, ¡pero fue muy bueno en eso! Una plataforma genérica y flexible para construir cualquier contrato inteligente que podamos imaginar, atraería al tipo de personas que quiere construir un esquema de capitalización fraudulenta de acciones bellamente diseñado. ¿Eso cambia lo que hace Ethereum en su conjunto? No. Solo significa que era un nicho que el mercado decidió que era realmente atractivo. ¿Por qué? Porque un montón de inversores ingenuos, e incluso capitalistas de riesgo más ingenuos aún, estaban despilfarrando la mayor cantidad de dinero imaginable en este nuevo espacio.

Tampoco Necesitas una Cadena de Bloques Para Eso

Hace dos años, podríamos haber emparejado con la palabra "blockchain" a cualquier otra palabra, y un capitalista de riesgo nos hubiera arrojado un par de millones de dólares. ¿Blockchain de...? ¡Música!. ¿Blockchain de...? ¡Películas!; Blockchain de... ¿Bienes Raíces? ¿Espárragos? ¡Blockchain de espárragos! "Dos millones de dólares para usted, señor. Eso suena fascinante".

Incluso podrían haberlas combinarlo con otras cuantas palabras "geniales". "Cultivaremos espárragos con drones autónomos dirigidos por inteligencia artificial basada en la blockchain". De esa manera, podrían marcar todas las casillas de sus formularios y les hubieran arrojado decenas de millones de dólares. ¡Nada de eso tenía sentido! El mercado no solo decide, sino que a veces el mercado es estúpido, extraño e irracional impulsado por el sentimiento y la emoción.

Durante la próxima década, las cosas se calmarán un poco. La gente se dará cuenta de que no necesitamos una cadena de bloques para ciertas cosas. ¿Y cómo es que se darán cuenta la mayoría de ellos? Invertirán su dinero y luego perderán su dinero. Invertirán más de su dinero y luego lo perderán nuevamente. Para la tercera pérdida, la mayoría de los inversionistas inteligentes comenzarían a percibir ese patrón. Para los inversionistas menos inteligentes, puede que hagan falta diez o quince rondas de pérdidas.

Lo que todo esto significa es que no hay "lo mejor" para cada propósito. Las personas involucradas en tomar decisiones difíciles todos los días no pueden diseñar con un propósito demasiado específico. Eso puede ser limitante y pueden perderse de lo que el mercado pudiera querer hacer. Pudieran perder el ritmo. Tampoco pueden diseñar algo que sea demasiado genérico, porque no tendrá suficientes capacidades poderosas para resolver los problemas reales que vamos a tener. Tendrán que hacer concesiones difíciles. Simplemente, no podrán diseñar sistemas que sean escalables, descentralizados, seguros y rápidos al mismo tiempo.

Un Trilema para las Cadenas de Bloques

En términos de ingeniería, existen ciertos desafíos en la toma de decisiones fundamentales. Los categorizamos como dilemas o trilemas. Un trilema clásico es: seguridad, descentralización y escalabilidad. En un trilema, solo podemos elegir dos de las tres opciones. Si creamos algo que sea superlativamente escalable y seguro, probablemente no será algo muy descentralizado. Si creamos algo que sea sumamente escalable y descentralizado, probablemente no será seguro. Si creamos algo que sea máximamente descentralizado y seguro, probablemente no será muy escalable.

Por supuesto, habrá proyectos de cadenas de bloques que nos dirán: "¡Podemos hacer los tres!" Eso significa que no comprenden el trilema, lo que es aún más peligroso. Hay dos posibilidades: están mintiendo o ignoran cosas. La ignorancia del trilema es mucho peor.

Esto es lo que solía decirle a mis clientes de consultoría: "Puedo entregar la solución rápido, barato o excelente. Elija dos. Puedo hacerlo rápido y barato, pero no será lo mejor. Puedo hacerlo barato y será genial, pero no rápido. Puedo hacerlo rápido y será genial, pero créeme, ¡no será barato!" Esa es la esencia de un trilema que enfrentamos todos los días en la vida.

La vida implica la toma de decisiones. Piensen en ello como un viaje. Cuando atraviesan la puerta de la izquierda, pueden perderse de lo que había por la puerta de la derecha. Es posible que nunca puedan regresar y tomar ese camino y los caminos que se derivan de él. Han hecho una elección.

Cuando se trata de construir la mejor cadena de bloques para un propósito específico, cada elección que hagan, lo sepan o no, puede cerrar tantas posibilidades como las que abre. La próxima vez que alguien les pregunte "¿Cuál es la mejor cadena de bloques?", En lugar de gritar el nombre de su cadena favorita, pregunten "¿Para qué?".

¡Muchas gracias!

Preservando lo Anormal de las Comunidades Digitales

El video original de la presentación de esta charla fue grabado en el *Congreso Polaco de Bitcoin (Polski Kongres Bitcoin)* en Varsovia, Polonia; mayo de 2018. Enlace del video: https://aantonop.io/KeepingWeird

Hoy quiero hablarles de las comunidades; cómo construimos comunidades interesantes y emocionantes, tanto en línea como en persona.

Los Vecindarios 'Geniales' No Duran

He viajado mucho en mi vida. He vivido en muchos, muchos lugares diferentes. Encuentro que siempre me atrae cierto tipo de vecindario. Me gusta vivir en un lugar donde hay muchos artistas, muchos músicos. Me gusta vivir en barrios que tienen cafeterías extrañas y bares oscuros donde la gente toca música en vivo. Me gustan los vecindarios donde puedes ver graffiti en las paredes. Quizás lugares que, al menos durante el tiempo que vivo en ellos, no son tan seguros. ¿Sabes? Esos que todavía son un poco peligrosos.

Pero esos vecindarios no duran. Los artistas, los músicos, los estudiantes pobres, la gente que vive en esas barriadas, aman esos lugares porque el alquiler es barato. El desarrollo del vecindario aún no ha sucedido y hay oportunidades para expresarse. Mucha gente extraña y creativa vive en esos vecindarios.

Inevitablemente, cuando te quedas en un vecindario así el tiempo suficiente, otras personas se dan cuenta. Empieza a convertirse en un barrio "genial". Cuando se convierte en un vecindario genial, las personas que podrían pagar un alquiler más alto comienzan a mudarse a ese vecindario. Luego, las personas cada vez más ricas comienzan a mudarse a ese vecindario. A la vuelta de uno o dos años, hay un Starbucks en la esquina. El bar interesante que tenía todos los músicos extraños y extravagantes es reemplazado por una galería o boutique que vende ropa un poco más exclusiva y más cara que antes.

Luego, los alquileres comienzan a subir, los valores de las propiedades inmobiliarias comienzan a subir. En poco tiempo, los artistas, músicos y las personas interesantes que son la razón por la que te mudaste a ese vecindario ya no pueden permitirse vivir allí. Así que se mudan y, finalmente, el vecindario se llena de jóvenes profesionales vestidos de traje que van a trabajar todas las mañanas, de 9am a 5pm. Van con su café de Starbucks en la mano. Están muy ocupados y están absortos con su celular. Ese vecindario es ahora una mierda. Ya no es un barrio genial, así que tienes que empezar a buscar el próximo barrio genial. Y el ciclo se repite.

En los Estados Unidos describimos este fenómeno con la palabra "Gentrificación". Resulta que todas las cosas que hacen que un vecindario sea interesante, todas las personas extravagantes y raras, no se quedan allí por mucho tiempo. Si te gusta vivir en ese entorno, un entorno lleno de creatividad y expresión, las peores cosas que pueden pasar son la mercantilización, la corporatización, sucumbir al marketing.

Si tomas algo que es genial y auténtico y lo conviertes en una campaña de marketing para Coca-Cola o Nike, ya no va a ser genial. Para cuando piensan que es genial, ya no lo es. Eso arruina la autenticidad. El dinero comienza a llegar y toda la autenticidad se ha ido.

Las Primeras Comunidades Digitales

Yo me conecté por vez primera a la internet y participé en comunidades digitales por allá en la década de 1980. Para participar en esas comunidades digitales, tuve que comprar un módem. Tuve que marcar los dígitos para entrar en un sistema de tablón de anuncios. Este sistema de tablón de anuncios era administrado por una persona en su sótano y lo hacía como un pasatiempo. Quizás tenía unos ciento cincuenta participantes, todos tan anormales como yo. Adolescentes raros con módems, que otras personas no entendían. Nos lo pasamos muy bien teniendo conversaciones en línea.

Luego, hacia los finales de los 80, los sistemas de tablones de anuncios (BBS) comenzaron a hacerse populares. Las grandes empresas comenzaron a comprar a los operadores más pequeños, comenzaron a publicitar, a cobrar cuotas de membresía, a "pulir" y "mejorar" el contenido. Intentaron hacerlo un poco más apetecible para las masas. "¡Cuida tu vocabulario!". "No digas malas palabras". "Solo cosas para adultos". "Hagamos que tenga un ambiente familiar". Todas las personas interesantes y anormales que hicieron atrayente al sistema de tablones de anuncios en primer lugar comenzaron a buscar otro lugar para tener sus conversaciones, porque ya no eran bienvenidos. En algunos casos, porque ya no podían permitirse participar. Toda la conversación creativa, la razón por la que fuimos allí en primer lugar, se había ido.

De hecho, una de las cosas raras de estos sistemas de tablones de anuncios en aquellos días... es que éramos principalmente tipos. Casi no había damas participando en los sistemas de tablones de anuncios en línea en 1985. Pero las corporaciones intentaron convertir estos sistemas de tablones de anuncios en sitios de encuentros y citas. Hicieron que los hombres fingieran ser mujeres para poder atraer a más clientes. Podían darse situaciones en que alguien tenía una conversación con otro tipo cuyo nombre en línea era "Helen", para vender más suscripciones al sistema de tablones de anuncios. ¡Puro márketing!

Lo gracioso del caso era que, de hecho, sí había algunas mujeres en línea en ese momento y estaban usando nombres de hombres para que pudieran sentirse más cómodas y menos asustadas por los bichos raros. Así que tenían a la falsa "Helen" hablando con ellas, fingiendo coquetearles para intentar que pagaran más por una suscripción.

Para ese entonces, yo ya me había pasado a Usenet. Usenet era un foro de discusión que estaba ocurriendo en toda la Internet en ese momento, hacia fines de la década de 1980. Era una comunidad basada en mensajes de texto en la que se podían intercambiar mensajes con cualquier persona del mundo que estuviera conectado a internet. En ese momento, ya eran quizás 500.000 personas.

Usenet era extraña, muy anormal de hecho. Había un rincón especial de Usenet llamado "alt groups" o los grupos alternativos, a los que no se podía acceder desde todos los lugares. Pero allí donde se podía acceder a ellos, ese era un lugar especial. Ahí es donde se reunieron todos los fanáticos de Calabozos y Dragones, todos los fanáticos de los cómics, todos los fanáticos de la ciencia ficción raros; mucho del sexo y de otros pasatiempos extraños se daban encuentro allí. Generalmente, las personas que no encajaban bien en otros grupos, se dirigían a los "alt groups".

La Gentrificación de la Web

Entonces llegaron las corporaciones. Comenzaron a convertir a Usenet en un servicio de suscripción. Lo primero que cancelaron fue a los grupos alternativos. Ahora podíamos pagar para obtener una versión "limpia" de Usenet, pero ya no podríamos tener acceso a los grupos alternativos porque a veces no eran muy gentiles. No eran muy corporativos. No eran muy limpios. Tomaron Usenet con todas sus rarezas, todas sus anomalías, y lo vistieron de traje, le cortaron el cabello y lo volvieron aburrido. Toda la gente interesante tuvo que seguir su camino.

Entonces surgió la Web. Con la web tuvimos esta explosión de creatividad y expresión. Al principio, todos los sitios web eran raros: demasiados colores, etiquetas y fuentes parpadeantes, todo se veía terrible. No había sentido de diseño. Pero las conversaciones que podías tener, la creatividad y la gente extraña que podías conocer eran fantásticas.

Y de nuevo, las corporaciones volvieron a llegar. Pulieron todo y lo limpiaron. "¡Nada de malas palabras en este sitio!" "Este es un contenido moderado". Llegaron CompuServe y AOL, y crearon entornos depurados, protegidos de todas las palabras sucias y de todas las personas anormales. La gentrificación llegó en oleadas a través de internet, y nuestro dominio digital se estaba gentrificando como un vecindario. Con cada ciclo de gentrificación, el resultado es el mismo: las personas que estuvieron allí y que hicieron que ese lugar fuera interesante ya no eran bienvenidas, no podían permitirse el participar, y ya no se les permitía hablar. Así que se iban. Todas las razones por las que uno se unía en primer lugar ya no existían. Muchas de las personas que se fueron de todos esos entornos depurados fueron a otras partes de la Web, comenzaron sus propios sitios web y sus comunidades independientes.

Y entonces surgió la Web 2.0. Cuando surgió la Web 2.0, tuvimos sitios como MySpaces, luego los Facebooks y otros sitios de redes sociales. Ellos depuraron cuidadosamente el contenido. Puedes publicar mensajes nazis en Facebook y salirte con la tuya por un tiempo, pero Dios te ayude si muestras una foto con tetas. Oh, no, no podemos permitir eso. Es un ambiente familiar. No digas malas palabras. Todo cuidadosamente depurado, mucho marketing, todo muy pulido. Todas las personas interesantes se fueron.

Si todavía tienen una cuenta de Facebook, es para que puedan ver las fotos de sus nietos. Los niños no quieren estar en Facebook. La razón por la que no quieren estar en Facebook es porque sus padres ya están allí. Así que se van de allí. Van a Reddit o a 4chan. Gentrificación...

Bitcoin, Blockchains y Mierdas, ¡Pero Que Grosero!

Bitcoin era anormal. Yo realmente amaba Bitcoin cuando era anormal. Pero para algunas personas, Bitcoin era demasiado anormal, demasiado difícil de entender. Existía una pequeña posibilidad de que pudieras comprar drogas con bitcoin. Pero no las buenas drogas. No las drogas fabricadas por Pfizer, esas que cuestan mucho dinero. Nada de Adderall, que es de hecho una anfetamina. Nada de Fentanilo, que es de hecho heroína. Nada de buenas drogas que son recetadas. Solo malas drogas. Como la marihuana. La gente podía comprar drogas. Podían hacer otras cosas que no eran muy buenas para la imagen corporativa.

Así que, ¿cómo se gentrifica una moneda? ¿Cómo se toma algo anormal, se lo viste de traje, se le corta el cabello y se lo presenta a los ejecutivos de la junta directiva? Recuerdo los primeros años en que las empresas me pedían que diera charlas en su sede. Me podrían haber dicho: "Queremos que hables con nuestros ejecutivos, pero cuando hables con ellos, ¿podrías decir 'blockchain'? No digas 'Bitcoin', porque Bitcoin es anormal y blockchain es el futuro".

Y yo decía: "No, no diré 'blockchain'. Diré 'Bitcoin', porque Bitcoin es el futuro y blockchain es una mierda. Y también les voy a decir 'mierdas' a tus ejecutivos, porque me pagaste para venir aquí y decirte la verdad tal y como yo la veo. Yo no voy a intentar venderte algo que esté bien empaquetado, solo para evitar ofender susceptibilidades. Estoy interesado en decir la verdad".

La razón por la que las criptomonedas son interesantes, la razón por la que Bitcoin es interesante, es porque no está controlado. No se puede censurar porque está abierto. Mucha de la gente involucrada es muy "anormal". Son "geeks" anómalos de la informática, criptógrafos anormales que tienen ideas anormales sobre la privacidad y la libertad. Estas personas anormales son la razón por la que estoy involucrado en Bitcoin, porque yo también soy anormal y eso está bien. Si eliminas todo eso, a tí lo que te queda (esta "blockchain"), no es más que un entorno estéril, inexpresivo y poco innovador. Un juguete corporativo que ha sido saneado de todo lo interesante y dejado como un caparazón vacío. Básicamente lo que es, es una base de datos muy lenta.

Si alguien se les acerca y les pregunta: "¿Necesito una cadena de bloques para mi negocio?", Pregúntele: "¿Necesitas algo que sea abierto, neutral, sin fronteras, que nadie pueda controlar y que sea resista la censura?" Si es así, entonces necesitas Bitcoin. O Ethereum. O Monero. O Zcash. Algún sistema de criptomonedas con una cadena de bloques abierta y pública que exprese estas capacidades.

Pero si no necesitas algo que sea abierto, sin fronteras, neutral, resistente a la censura y que no esté controlado por nadie, lo que realmente estás pidiendo es una base de datos. Así que instálate una base de datos. No necesitas una cadena de bloques. Si solo estás tratando de hacer negocios como de costumbre, pero ahora con una cadena de bloques, realmente lo que quieres es una base de datos. Si el propósito por el cual deseas introducir esta tecnología en tu banco, es evitar cualquier cambio sobre tu forma de hacer negocios, entonces tu estás buscando una base de datos. O si su gobierno les dice: "Haremos una moneda digital. Escuchamos que hay una moneda digital que usa 'blockchain' que es abierta, descentralizada, sin fronteras, resistente a la censura y neutral. Excepto que no queremos que sea abierta, descentralizada, resistente a la censura, neutral o sin fronteras. Queremos que esté controlada dentro de nuestras fronteras, con la capacidad de controlar quién tiene o no acceso, y que nos reserve total potestad a la censura. En última instancia, queremos decidir quién tiene el poder en este sistema". ¿Adivinen qué? Eso también se conoce como base de datos. Puedes construir eso y será aburrido.

Toda la innovación, toda la emoción, todas las razones por las que estoy interesado en estas tecnologías, (y quizás las razones por las qué algunos de ustedes también lo están), es precisamente porque son raras, diferentes y abiertas. Porque permiten que todos innoven y se expresen creativamente de maneras que no anticipamos. De formas que son completamente impredecibles y, de alguna forma, ofensivas. Eso esta bien.

Yo no quiero vivir en un mundo de colores apastelados, publicidad cuidadosamente depurada, fracesitas verificadas y enfocadas en el marketing, donde no se pueden decir malas palabras. Quiero vivir en un mundo con colores vivos, con creatividad, con variedad, con diversidad, con ideas. Ideas que a veces me ofendan y me asusten, que yo no entienda, con gente anormal a mi alrededor que sea libre de expresarse, porque de ahí viene la creatividad.

No se trata solo Bitcoin. Veremos que esto va a suceder una y otra vez. Ya pasamos por la fase en la que la gente decía: "Sí, estoy interesado en blockchain, pero no en Bitcoin". Cuando alguien te dice "Estoy interesado en blockchain pero no en Bitcoin", lo que quiere decir es "No estoy entiendo nada". O han escuchado a alguien decirlo y piensan que pueden ser geniales si lo repiten como el loro. Es un poco como si alguien dijera: "MySpace es tan anticuado. Estoy en Facebook ahora". Eso le pasó a Bitcoin, pero seguirá sucediendo. Seguirá sucediendo con todas las criptomonedas que se atrevan a hacer algo interesante.

¡Bifúrcate de Aquí!

En este momento, los grandes bancos y gobiernos están enamorados de Ethereum. Les encanta el hecho de que Ethereum tiene todas estas capacidades que parecen mucho menos anómalas que Bitcoin. Pero no se dan cuenta: toda la anomalía sigue ahí. Me encanta la rareza de Ethereum porque, honestamente, el objetivo de Ethereum es crear código imparable, aplicaciones que no se pueden apagar. La razón por la que no se les puede desactivar es porque son aplicaciones descentralizadas, son DApps. ¿Para qué hacer una DApp a menos que lo que tú quieras es hacer una DApp que alguien quiera apagar y a pesar de ello tu sigas operativo? El objetivo de una aplicación sin censura es escribir aplicaciones que sean ofensivas para algunas personas.

En algún momento de los próximos dos años, alguien va a escribir una aplicación anormal en Ethereum. Entonces, los grandes bancos y todas las organizaciones que hoy están absolutamente enamoradas de Ethereum irán corriendo a la Fundación Ethereum y a la Ethereum Enterprise Alliance. Van a decir: "Oye, nos gustaría que detuvieras esto". Y la Fundación Ethereum va a decir, muy probablemente, "No, no lo haremos". O mejor aún, "No, no *podemos*". "Envíe su EIP (propuesta de mejora de Ethereum) y veamos qué piensa la comunidad. Hola, comunidad. ¿Quieren detener esta aplicación? Porque a JP Morgan Chase no le gusta. ¿Que? ¿No?... ¡Uuups!"

O tal vez la comunidad decida detener la Dapp y entonces tenemos otra bifurcación fuerte. Entonces tendremos tres Ethereums. Ethereum, Ethereum Classic y Ethereum-Sin-Censura. Porque estas cosas no se pueden detener. Todo lo que podrán hacer es bifurcarse en una versión corporativa de mierda. Pero la otra rama seguirá corriendo. ¿Entonces, que obtienes?

No Podemos Ser Gentrificados

Y este es el momento en que de pronto caes en cuenta: esta es la primera vez que tenemos una comunidad digital que no puede ser gentrificada. Puedes plantar tu Starbucks en la esquina, pero no puedes echar a los anormales. Si intentas echar a los bichos raros, nos bifurcamos y nos llevamos el vecindario con nosotros. Los bichos anómalos son, esta vez, los dueños de este vecindario y por primera vez no podrán ser echados. Eso es hermoso. De eso se trata todo esto. Por primera vez, ahora tenemos comunidades digitales que no pueden ser absorbidas, pulidas, desinfectadas, esterilizadas de ninguna idea que valga la pena y no podrán ser convertidas en un juguete para Disney, McDonald's, Coca-Cola, JPMorgan Chase para cagarse encima de toda esa creatividad y convertirla en lemas vacíos de publicidad.

Por primera vez, tenemos comunidades digitales que no se pueden gentrificar. Cuando la gente me pregunta, "¿Por qué estás entusiasmado con las criptomonedas? ¿No son raras?" Yo digo: "¡Sí! Son raras; son maravillosamente anormales. Por eso estoy interesado en ellas". Mi promesa, y la promesa de todas las demás personas que están en esto porque se trata de algo anormal, es que su anormalidad será preservada.

Gracias.

Crypto-Invierno es en el Norte, Crypto-Verano en el Sur

El video original de la presentación de esta charla, fue grabado en el *Encuentro de Bitcoin Argentina en colaboración con la Embajada Bitcoin* en Buenos Aires, Argentina; en enero de 2019. Enlace de video: https://aantonop.io/CryptoWinter

¡Pero Dios mío!, ¡Si vinieron todos!... Hace tres meses di una charla en Seattle, un gran teatro con setecientos asientos. Mi ánimo era optimista, porque ya yo había tenido grandes audiencias antes. Me dije: "Se trata de Seattle, por supuesto que vendrán". Microsoft, Amazon, todas estas empresas de tecnología están allá. Pero en ocho semanas, ni siquiera vendimos trescientas entradas. Porque en Seattle es "criptoinvierno". No solo invierno; ¡cripto-invierno! Muchas de las personas que se habían emocionado mucho en octubre de 2017, por razones misteriosas, se volvieron muy apáticas en marzo de 2018 por razones igualmente misteriosas.

Pero no aquí. Aquí en Buenos Aires es cripto-verano. ¡Todos los asientos se agotaron en cinco días! ¡Denle un gran aplauso a Rodolfo y a los más de veinte voluntarios que se unieron para ayudarme a que esto sucediera! Muchas gracias a todos los que apoyaron y trabajaron muy duro para hacer posible este evento. Por supuesto, también a los patrocinadores. Todo el trabajo que hagamos esta noche se va a destinar a la caridad.

Las Cripto-Estaciones

Comencemos con estos conceptos de cripto-invierno y cripto-verano. ¿Cuántas variaciones estacionales de los volátiles mercados de criptomonedas han atravesado ustedes hasta ahora? ¿Cuántas personas han pasado por cuatro ciclos de "burbujas"? Un par de manos. ¿Tres ciclos de burbujas?... ¿Dos ciclos de burbujas?... Y los novatos; ¿un solo ciclo de burbujas?... No te sientas mal, ¡ya vendrán otras!

En los criptomercados, tal y como en cualquier otra nueva tecnología, existen estas olas de entusiasmo y especulación. Luego la gente se olvida y se aleja. Y vuelven más tarde con el siguiente ciclo. ¿Por qué? Porque la mayoría de las personas que se involucran hoy en día no la necesitan. Solo usan las criptos porque es algo en lo que pueden especular. No están interesados en el potencial de lo que la criptomoneda puede hacer por sus vidas hoy, sino en el potencial de su valor aumentado debido a cómo le afecta la vida a otra persona, en algún otro momento.

Esa no es la actitud en Argentina, en Sudamérica, en el Sudeste de Asia o en Sudáfrica. En esos lugares, el valor de las criptomonedas no se vincula a algo que sucederá más tarde. No se trata de 'en caso tal que mi gobierno se vuelva repentinamente corrupto'... o 'en el caso de que mi banco comience a robarse nuestras pensiones', 'si nuestro discurso fuese censurado, nuestras asociaciones restringidas y nuestros partidos políticos censurados... si, si si...' Pero en estos lugares no se trata de un "en caso tal". Pues son cosas que ya están sucediendo allí.

Los estadounidenses tienen dificultades para entender esto. Tienen el privilegio y el lujo de la estabilidad, pero sus circunstancias son excepcionales. En gran parte del mundo, gobiernos y bancos corruptos están asaltando fondos de pensiones y encarcelando a la oposición. Hay elecciones canceladas y son elecciones con una mayoría del 96% de votos. Esas cosas pasan en todo el mundo. Esa es la experiencia humana promedio. Esta es la razón por la cual las criptomonedas son tan importantes. Son sistemas que nos permiten encontrar nuevas formas de organizar las instituciones sociales más acordes al siglo XXI, en lugar de las viejas formas del siglo XIX que no han logrado escalar.

¿Qué Aspecto Tiene el Éxito?

Cuando tenemos esta explosión de interés en torno a las criptomonedas, muchos de nosotros nos encontramos hablando con personas que parecen hablar un idioma diferente. Están muy interesados en el precio y en qué "shit-coin" será la 'próxima gran revelación'. Están muy interesados en comprender cómo pueden 'engañar hasta conseguir' en su camino al éxito.

Cuando me piden que hable con empresas sobre criptomonedas y cadenas de bloques, y me cuentan sobre su "nuevo y maravilloso proyecto", yo les pregunto: "¿Qué es el éxito para ustedes? Digamos que tienen éxito. ¿Qué logra en ese caso su proyecto?... Descríbanme su éxito" Invariantemente, fallan en responder a esa pregunta. En muchos casos, no han pensado realmente en cómo será el éxito, más allá de que "¡Ganaremos un montón de dinero!"

Esta es una pregunta muy importante a ser formulada: **¿Qué aspecto tiene para ustedes el éxito?** "¡Construiremos el mejor producto que dominará el mercado y nos hará ganar mucho dinero!" ¿A quién ayuda ese producto? "A mí". Bien, excelente. Pero eso es muy poca gente. ¿Podemos pensar en cómo podemos ayudar a más personas? Tu plan de negocios actual consiste en ayudar, digamos, a cuatro personas. ¿Podríamos escalar un poquito? ¿Podríamos pensar en ayudar a más personas?

Cuando los mercados suben, este espacio se ve repentinamente inundado por forasteros, personas oportunistas que llegan porque leen un artículo en The Wall Street Journal o en la revista que encuentran en solapa trasera del asiento frontal de su vuelo, o porque sus colegas les dicen: "¡Esta será la próxima gran escalada, como la Inteligencia Artificial o la computación cuántica!" Vienen a este espacio y se traen con ellos una serie de suposiciones.

El Juego de Suma-Cero

Una de esas suposiciones es de lo que quiero hablar hoy, y esa es la suposición de que los mercados operan como un juego de suma-cero. No les dirán esto porque a veces ni siquiera saben que es lo que están pensando. Es una suposición muy importante. Deben tener mucho cuidado de notarlo. Cuando tengan una discusión de negocios, cuando hablen con sus amigos sobre el último proyecto cripto que les interesa, la suposición subyacente de muchas de estas conversaciones es el concepto de un juego de suma-cero.

Un juego de suma-cero es un espacio en el que una de las partes gana solo si la otra parte pierde. No admite una situación en la que ambas partes ganen o en la que todos ganen. En un juego de suma-cero, tú ganas a expensas de otros.

Esta es una suposición tóxica que existe en todos los ciclos de negocios. Y eso más o menos de lo que se trata obtener un "MBA", de enseñarles cómo jugar juegos de suma-cero y de cómo aplastar a la competencia. No se trata de hacer un mundo mejor, un producto mejor, un mercado mejor o aumentar la competencia. Se trata de averiguar cuáles son las reglas, descubrir cómo explotar esas reglas y construir una cerca alrededor de su propiedad intelectual, sus productos y su nicho de mercado. Se trata de aprender a evitar que alguien compita contigo; aprender cómo capturar clientes (no adquirirlos, *capturarlos*), llevarlos a esta área cercada y extraer de ellos la mayor cantidad de dinero posible. Eso es un negocio moderno en pocas palabras.

Esta suposición tóxica en todo ciclo de negocios, se deriva de algunas consideraciones importantes. El factor más importante es la ausencia de mercados libres. En un mercado libre, no juegas un juego de suma-cero y no puedes evitar que entren competidores. En un mercado libre, si se crea algo nuevo, surgirán otros para construir sobre esa creación y también para traer nuevos clientes, nuevas oportunidades y nuevos nichos de mercado para que todos puedan disfrutar la innovación y ganar. En los mercados libres, no hay un juego de suma-cero.

Entonces, ¿de dónde viene esta idea? ¡Viene del hecho de que la mayoría de los capitalistas célebres del mundo nunca han visto un mercado libre en toda su vida! Operan en un entorno en el que ellos llegan a ser amos de los reguladores y dictaminan las reglas. Su objetivo principal es engañar lo suficiente para asegurarse de que nadie pueda impedirles adquirir el santo grial de los negocios: un monopolio. Una vez que tienen un monopolio, pueden maniobrar para evitar que alguien más entre ese entorno y pueden extraer todo el valor que pueden de sus clientes. No se trata de competencia, mejora de los mercados o del mundo. Se trata de establecer monopolios. Llevan esa actitud al mundo cripto y comienzan a esparcirla como un veneno en todos los negocios.

Reglas Sin Reguladores

Si prestan atención, verán estos supuestos a su alrededor. "¡No podemos crear una billetera con código abierto! Si lo hacemos, nuestros competidores la copiarán". "Necesitamos averiguar quiénes son los reguladores. De hecho, deberíamos invitarlos a regular nuestra industria. Así sabremos cuáles son las reglas".

¿Pero qué más necesitan saber sobre las reglas? Las reglas son bastante simples: un bloque cada diez minutos y veintiún millones de monedas. Parecen reglas bastante simples. Ya sabemos cuáles son las reglas. Se hacen cumplir por consenso de la red. El contrato inteligente se ejecutará, el token se emitirá en estas condiciones. Las reglas son claras. ¿Por qué necesitarían reglas diferentes?

"Ah, porque no vamos a poder 'arreglarlas' para nuestro beneficio. En su lugar, sí que podemos 'arreglar' las reglas humanas con el cabildeo político. Quisiéramos dar rienda suelta a nuestros acuerdos de confidencialidad en el mercado. Quisiéramos reunir a todos los clientes posibles y crear un monopolio agradable y acogedor, en otro juego de suma-cero".

Los maximalistas piensan algo como: "¡Nuestra cripto no puede ganar a menos que tu cripto pierda!" Si ese es el caso, se vuelve muy importante el señalar todas las formas en que el otro cripto-proyecto es insuficientemente puro, y de cómo fracasa en ser la visión original del fundador, de cómo no está innovando en la dirección correcta. Esa es la forma de pensar en términos de suma-cero que está infectando a nuestra industria.

En una industria de código abierto como la nuestra, no nos hace ningún daño si otra criptomoneda construye algo bueno. ¡Puedes copiarte! Es de código abierto. ¡Aprende más sobre esa cripto! Este es un hermoso espacio donde cada invento realizado en cualquier parte de todo el ecosistema, se convierte en un invento que todos podemos usar.

Y no solo los éxitos son valiosos. Cada fracaso es también una lección, una lección que alguien más aprendió por las malas, para que nosotros no tengamos que pasar por ello. En los negocios, más valioso que un éxito, es un fracaso que no nos costó ningún precio aprender.

Nuestros Comunes Creativos

Nuestro entorno tiene un conjunto de reglas diferente. Nuestro entorno no es susceptible a una tragedia de bienes comunes. Tenemos una cultura de comunes creativos. La cultura del código abierto no es solo tecnológica, no se trata solo de nuestro código de computadora. Es una cultura abierta de gente creativa, quienes han llegado todos a este momento singular de la historia y han concordado con una premisa fundamental: esta podría ser una ruta mejor. Estas personas ya están de nuestro lado de la cerca. El otro lado de la cerca es un juego de suma-cero, con gobiernos corruptos, bancos y sistemas de monopolio que crean una enorme desigualdad, fallas económicas y talento desperdiciado en todo el mundo.

Moneditas de Mierda...

Así que si nuestro amigo finalmente se ha pasado a este lado, con la idea de que podría haber algo mejor, y que podría haber una nueva forma de hacer las cosas, ¿Qué haríamos? ¿Volvernos hacia ellos y decirles: "¿Qué compraste? *¡Esa* es una mierda!, ¡hereje!" ¡No! Deberíamos decir: "Bienvenido, amigo mío. Compra shit-coins si quieres. Pero mientras estás aquí, tal vez, en lugar de simplemente comprar, podamos enseñarte algo sobre la tecnología. Podrías aprender qué puedes hacer con ella y cómo aplicarla en tu propia vida. Aprenderás algunas habilidades y podrás usarlas en algún negocio. Puedes explorar muchas posibilidades, y no solo tratar esto como una simple inversión. Además... probablemente no deberías comprar esa mierda. Realmente, no lo hagas. ¡Pero bienvenido a las criptomonedas!"

Incluso si tú fueras el "amigo" que compró shitcoins, aún has dado un salto mental muy importante al darte cuenta de que estamos tratando de construir algo diferente, algo nuevo. Ya eres parte de nuestros Comunes Creativos. Y te doy la bienvenida. Daré la bienvenida a todos los que entren, por cualquier motivo, bueno o malo. No importa, siempre que no traigan esta mentalidad de suma-cero, que solo podemos tener éxito si alguien más falla. No hacemos eso en industrias de código abierto. No hacemos eso en los mercados libres. No hacemos eso aquí. Tenemos un bien común creativo que no causa una tragedia de bienes comunes, donde todos explotan los recursos, y sí los acaparan y los chupan hasta que no queda nada.

Compartiendo Conocimientos

En una cultura de comunes creativos, todo se comparte. Si consumo de tu conocimiento, tu no perderás ese conocimiento. Lo seguirás teniendo y todos los demás también. Si alguien descarga mi libro sin comprarlo, no perdí un libro porque no lo compraron, pero he ganado un lector que me dio una de las cosas más importantes de la vida: su atención. Los lectores han tenido la gentileza de sentarse y respirar por un segundo, hacer a un lado el ruido y leer algo. Si alguien lee mi libro, agradezco su tiempo. Quizás ni siquiera pasen del capítulo uno. Pero está bien.

Cuando me reuní con mi primer editor de O'Reilly Media y le dije: "Publicaré este libro con una licencia de código abierto. Será de lectura y divulgación gratuita. Durante el primer año, nadie podrá comercializarlo. Después del primer año, todo el mundo podrá traducirlo y revenderlo de forma gratuita. Si lo desean, podrán usarlo para realizar un obra musical". (No quieres hacer eso) Se mostraron reacios, y comprensiblemente preocupados por cómo ganarían dinero. Pero no es para eso que estoy aquí. No se trata de eso.

La verdadera pregunta es "¿Cómo vamos a cambiar el mundo?" ¿Cómo traeremos algo nuevo, diferente y creativo al mundo? Si haces eso, no te preocupes. La gente lo agradecerá. Ellos encontrarán una manera de recompensarte. Si tienes suerte, te darán dinero. Pero si eres realmente afortunado, te darán pasión, creatividad y compromiso. Cambiarán de opinión. Saldrán y cambiarán la opinión de otras personas. Esa recompensa es muchísimo más poderosa. Es eso sobre lo que construimos la esperanza.

Construido Por Profesionales

Cuando el mercado está en auge, entran los jugadores de suma-cero. Dicen: "Con el fín de crecer en serio, necesitamos inversionistas". Pero los inversionistas tienen expectativas. Ellos preguntan: "¿Dónde está la propiedad intelectual al rededor de la cual construiremos nuestra cerca? ¿Dónde está ese producto que evitará que los competidores puedan entrar en nuestro mercado? ¿Cómo podemos ganar aplastando a todos los demás?" Algunas empresas no se resisten a la tentación de este mensaje.

Entonces el mercado hace un viraje y las cosas se ponen difíciles. Los jugadores de suma-cero se vuelven aún más ruidosos. "La única forma de ganar ahora es renunciando a estos estúpidos e ingenuos principios tuyos, ¡pequeño anarquista tonto!". "Necesitamos jugar en las grandes ligas, con los profesionales, los reguladores. Necesitamos hacer esto de manera profesional y... 'legítima'". Y por "legítima", se estarán refiriendo a una forma que pueda corromperse con el tiempo.

Cuando los profesionales vienen y dicen: "Déjanos hacernos cargo y 'arreglar' tu proyecto", terminan aplastando el espíritu creativo. Extraerán todo lo que puedan de la carcasa de tu empresa, a cambio de unidades de acciones bursátiles restringidas y solo canjeables después de un letal período de otorgamiento. Venderán tu alma para tener una salida. Tan pronto como viren los vientos del mercado, te pedirán que vendas tus principios. Así que no vendas tus principios. En lugar de eso, aférrate a ellos.

Construido Por Amateurs

Bienvenido a nuestra cultura de comunes creativos, que no fue construida por "profesionales", sino por amateurs.

¿Saben cuál es la raíz de la palabra "amateur"? Proviene del francés y significa *Amante de*. Un amateur es alguien que hace algo por amor. Este espacio fue construido por personas que aman lo que hacen y que ponen su pasión y creatividad en su trabajo.

Bitcoin y todas las criptos que le siguieron no fueron construidas por profesionales pagados. No fueron desarrolladas por un comité. Fueron construidas por bichos raros, ingenuos e idealistas con tendencias creativas a quienes les encantaba hacer esto, no porque quisieran ganar dinero, sino porque querían traer esperanza.

Un Festival de los Bienes Comunes

Estamos construyendo una hermosa alternativa para el mundo, una cultura de comunes creativos y un festival de innovación. Todo lo que alguien crea en todo este espacio, enriquece a otros proyectos.

Cada dibujo o pintura, cada canción y cada conversación, cada reunión rebelde en un sótano húmedo que nadie cree que sea importante. Cada ocasión en que se introduce a alguien nuevo a nuestra industria, a nuestros principios. Incluso los fracasos de cada shitcoin. Todo se suma a este ecosistema que compartimos.

Todo esto se trata de construir algo que nos dé esperanza. Juntos, estamos construyendo nuestra cultura de comunes creativos para el futuro.

¡Gracias!

OBSEQUIO: Testimonio Ante el Senado Canadiense; Declaración de Apertura

El 8 de octubre de 2014, Andreas testificó ante el *Comité del Senado de Canadá en lo Mercantil, Banca y Comercio* en Ottawa, Canadá, como parte de su estudio sobre el uso de la moneda digital. Enlace del video: https://aantonop.io/CAsenate

Nota del editor: Lo que sigue es la declaración de apertura de Andreas M. Antonopoulos en calidad de testigo experto, a quien se le pidió que testificara sobre Bitcoin, cadenas de bloques abiertas y monedas digitales. La declaración se leyó en el registro y le siguió una larga sesión de preguntas y respuestas. El testimonio completo, incluida la parte de preguntas y respuestas de la audiencia, se puede ver en el enlace de arriba.

Declaración de Apertura

Agradezco la oportunidad de contribuir a estas audiencias sobre moneda digital.

Mi experiencia se enfoca principalmente en tecnologías de la información y en arquitecturas de redes. Tengo una maestría en redes y sistemas distribuidos y he trabajado en el campo desde 1992. Pasé 20 años trabajando en redes y centros de datos para empresas de servicios financieros antes de encontrar Bitcoin a fines de 2011. He estado trabajando a tiempo completo en el campo del Bitcoin durante los últimos 2 años y he escrito un libro para desarrolladores de software con el título *Mastering Bitcoin*.

Hoy, doy la bienvenida a la oportunidad de hablarles sobre la seguridad del Bitcoin, la arquitectura descentralizada que sustenta la seguridad del Bitcoin y las consecuencias que dicha arquitectura involucra para la privacidad, el empoderamiento individual, la innovación y la regulación.

Hasta la invención del Bitcoin en 2008, la seguridad y la descentralización parecían conceptos antagónicos. Los modelos tradicionales para los sistemas de pagos financieros y de la banca, dependen del control centralizado para brindar seguridad. La arquitectura de una red financiera tradicional se basa en una autoridad central, como una cámara de compensación. Como resultado, la seguridad y la autoridad deben conferirse a ese actor central.

El modelo de seguridad resultante asemeja a una serie de círculos concéntricos con accesos muy limitados hacia el centro y cuyos accesos se acrecientan, a medida que nos alejamos del centro. Sin embargo, incluso el círculo más externo no puede permitirse el acceso abierto. En un modelo de seguridad de este tipo, el sistema se protege cuidadosamente controlando el acceso y asegurando que solo las personas y organizaciones meticulosamente investigadas puedan conectarse a él. Las entidades cercanas al centro de una red financiera tradicional están investidas de un enorme poder, actúan con plena autoridad y, por lo tanto, deben ser examinadas con mucho cuidado, reguladas y sujetas a supervisión.

Las redes financieras centralizadas nunca pueden estar completamente abiertas a la innovación porque su seguridad depende del control de accesos. Los apoderados de dichas redes utilizan eficazmente los controles de acceso para reprimir la innovación y la competencia, justificando esto como medida de protección al consumidor. Las redes financieras centralizadas son frágiles y requieren múltiples niveles de supervisión y regulación para garantizar que los actores centrales no abusen de su autoridad y poder para su propio beneficio. Desafortunadamente, la arquitectura centralizada de los sistemas financieros tradicionales concentra el poder, favoreciendo relaciones complacientes entre los miembros de la industria y los reguladores, y a menudo conduciendo a la captura del regulador, la supervisión relajada, la corrupción y, en última instancia, la crisis financiera.

Bitcoin y otras monedas digitales basadas en una arquitectura de cadena de bloques abierta son fundamentalmente diferentes. El modelo de seguridad de las monedas basadas en cadenas de bloques abiertas está descentralizado. No hay un centro de la red, ninguna autoridad central, ninguna concentración de poder y ningún actor en quien deba depositarse una confianza total. En cambio, las funciones de seguridad básicas están en manos de los usuarios finales del sistema. En esta arquitectura, la seguridad es una propiedad emergente de la colaboración de miles de participantes en la red, y no la función de una sola autoridad. Además de la diferencia en la arquitectura, también existen diferencias fundamentales en la naturaleza de los pagos en sí.

Las monedas digitales como Bitcoin se parecen más al efectivo que a las cuentas bancarias o las tarjetas de crédito. La transferencia de valor en Bitcoin es un mecanismo de empuje, no un mecanismo de extracción como en el caso de las tarjetas de crédito, las tarjetas de débito o la mayoría de los demás pagos digitales. Un pago de Bitcoin no es una autorización para debitar de nuestras cuentas. En su lugar, se empuja el monto de pago exacto en sí mismo, como ficha de valor, directamente hacia el destinatario designado.

Una sola transacción no autoriza ninguna transacción futura ni expone la identidad del usuario. La transacción en sí es infalsificable e inmutable. Como resultado, los pagos de Bitcoin se pueden transmitir sin cifrado a través de cualquier red y se pueden almacenar en sistemas carentes de seguridad, sin temor a que la integridad se vea comprometida. La arquitectura y el mecanismo de pago únicos de Bitcoin tienen implicaciones importantes para el acceso a redes, la innovación, la privacidad, el empoderamiento individual, así como la protección y regulación del consumidor.

Si un actor malintencionado tuviera acceso a la red de Bitcoin, no tendría poder alguno sobre la red en sí y no puede comprometer la confianza en la red. Esto significa que la red Bitcoin puede estar abierta a cualquier participante sin que se le investigue, se le autentique o sin que se le identifique, y sin necesidad de autorización previa.

La red no solo es capaz de estar abierta a cualquier persona, sino que también puede estar abierta a cualquier aplicación de software sin que, nuevamente, se requiera un examen o autorización previa. La capacidad de innovar sin permiso, sobre la capa de la red Bitcoin, es la misma fuerza fundamental que ha impulsado la innovación en Internet durante 20 años, a un ritmo frenético, creando un valor enorme para los consumidores, crecimiento económico, oportunidades y empleos.

La naturaleza descentralizada de Bitcoin es la que brinda protección al consumidor de la manera más poderosa y directa, al permitirle a los usuarios de Bitcoin el control directo sobre la privacidad de sus transacciones financieras. Bitcoin no obliga a sus usuarios a ceder su identidad con cada transacción ni a depositar su confianza en una cadena de intermediarios supuestamente investigados, en quienes se debe confiar para controlar el acceso que permite almacenar y proteger de forma segura los datos de transacciones y de identificadores vulnerables de cuentas. Las transacciones de Bitcoin nunca exponen identificadores vulnerables de cuentas. Los usuarios de Bitcoin pueden proteger la privacidad de sus transacciones sin depender ni confiar en ningún intermediario.

Dado que en Bitcoin la confianza no es otorgada a actores centrales, no hay necesidad de regulación y ni de supervisión centralizada alguna. Cuando se diseñan correctamente, los servicios financieros de Bitcoin no son vulnerables a puntos centrales de falla, lo que hubiese requerido una supervisión y regulación de mano dura. En cambio, el poder recae en el usuario final, cuyos intereses están más alineados con la protección de sus propios fondos. Si bien las carteras de Bitcoin individuales pueden ser atacadas y comprometidas si no se protegen adecuadamente, la red Bitcoin no adolece de riesgos sistémicos centralizados.

Contrario a la idea popularmente errónea, Bitcoin no carece de regulación. Más bien, varios aspectos de la red y del sistema financiero de Bitcoin están regulados por algoritmos matemáticos. La regulación algorítmica de Bitcoin ofrece a los usuarios resultados predecibles, objetivos y mesurables, como una tasa predecible de emisión monetaria. Estos resultados no están sujetos a los caprichos de instituciones o comitivas centralizadas, que son a su vez tanto corruptibles como, a menudo, susceptibles de quedar fuera de la supervisión democrática. Un usuario de Bitcoin puede predecir la emisión monetaria del sistema para dentro de 30 años, en lugar de depender de la tónica y del doble sentido del dictamen de un simple adjetivo, por parte de un alto funcionario de la banca central, que puede cambiar drásticamente la velocidad de circulación monetaria de todo un país en una sola semana.

La arquitectura descentralizada de Bitcoin no se ajusta fácilmente a las expectativas y experiencias de los consumidores o reguladores porque nunca antes había existido una red descentralizada y a la vez segura, a gran escala. La combinación de descentralización y seguridad es la novedad fundamental de Bitcoin. Al tratar de comprender la protección al consumidor, la supervisión, la auditoria y la regulación de Bitcoin, existe el riesgo de que muchos intenten aplicar modelos familiares del pasado a este nuevo sistema de moneda digital. Pero esos modelos están todos centralizados y los modelos familiares están diseñados para proporcionar supervisión regulatoria para redes financieras centralizadas. Las soluciones centralizadas serán más fáciles de entender y parecerán familiares, sin embargo, son ineficientes e inadecuadas para esta nueva forma de red financiera descentralizada.

Yo les insto a resistir la tentación de aplicar soluciones centralizadas a esta red descentralizada. La centralización de Bitcoin debilitará su seguridad, reducirá su potencial innovador, eliminará sus características más disruptivas, pero también las más prometedoras, y debilitará a sus usuarios al tiempo que empoderará a la alta burocracia. La protección al consumidor no se logrará eliminando las características de privacidad nativas de Bitcoin. Exigir identificadores de usuarios y agregar mecanismos de control de acceso por sobre la capa de la red de Bitcoin, para luego confiar esos identificadores a una cadena de intermediarios, solo replicará las fallas del pasado, al introducir puntos únicos de falla en una red que no tiene ninguna.

No podemos proteger a los consumidores eliminando su capacidad de controlar su propia privacidad para luego pedirles que confíen en los mismos intermediarios que les han fallado tantas veces antes. La mayoría de las fallas en la seguridad de Bitcoin han sido resultado de intentos equivocados de centralización y de despojar a los usuarios del control.

En estas nuevas redes financieras descentralizadas, tenemos la oportunidad de inventar nuevos mecanismos de seguridad descentralizados. Basándonos en innovaciones tales como depósitos de garantía controlados por firmas múltiples, contratos inteligentes, carteras de hardware, auditorias descentralizadas y pruebas algorítmicas de reservas. Estas son las nuevas herramientas regulatorias y de seguridad descentralizada que son más apropiadas para una moneda digital descentralizada.

Gracias por la oportunidad de dirigirme a este comité.

Enlace al Informe del Senado

Nota del editor: El Comité del Senado de Canadá en lo Mercantil, Banca y Comercio escuchó a 55 testigos en total antes de redactar un informe exhaustivo sobre monedas digitales. Lea el informe (consultado por última vez el 5 de diciembre de 2019) buscando 'Digital Currency: You Can't Flip This Coin! (Junio de 2015) 'disponible en SenCanada.ca.

OBSEQUIO: Entrevista Sobre El Testimonio Ante El Senado Canadiense y El Libro Mastering Bitcoin

Esta entrevista se llevó a cabo con la comunidad Bitcoin en Vancouver, Canadá, el 16 de octubre de 2014 como parte de la serie *Salon Talks* de Decentral Vancouver. Enlace: https://aantonop.io/SalonTalks

Nota del editor: esta entrevista se realizó tan solo 8 días después del legendario testimonio de Andreas ante el Senado canadiense y contiene sus reflexiones sobre la preparación y la entrega de ese testimonio. Además, Andreas habla sobre escribir su primer libro, Mastering Bitcoin. Hemos incluido partes de la entrevista que brindan una rara visión de lo que realmente sucede detrás de escenas. Esperamos que lo disfruten.

Gracias por esta cálida presentación, pero por favor, llámame Andreas; El Sr. Antonopoulos es mi padre. La audiencia ante el Senado canadiense fue bastante emocionante; era mi primera vez en ese tipo de ambientes.

Preparación Para Mi Testimonio Ante el Senado Canadiense

Al principio, estaba bastante nervioso por hablar con esta audiencia específica. De hecho pasé varios días antes tratando de decidir si iba a usar o no un traje. Sé que suena como una consideración trivial, pero no he usado traje en tres años. Desde que dejé de entrevistarme con bancos y ejecutivos corporativos y comencé a hacer mis propias cosas, dejé de usar trajes. Eso me ha servido bastante bien. Pero teniendo en cuenta la audiencia, pensé que un traje era apropiado, así que opté por una solución intermedia. Como verás en el video, yo llevaba una corbata. Mi corbata tenía un patrón en binario por el frente cuyo significado era: "Las corbatas apestan". Así que la usé para romper el hielo.

Cuando entraron los senadores, les hice saber que llevaba corbata por primera vez en 3 años, pero que había un mensaje codificado en binario, en mi corbata. Les dije: "Mi corbata dice que las corbatas apestan". Les pareció bastante divertido. No quería que pensaran que era un mensaje secreto para la comunidad o algo así. Desafortunadamente, no venden corbatas que dicen cosas como "Vires in Numeris" o "Hasta la Luna", así que me decidí por algo simple.

Fue algo interesante porque no sabía qué esperar, pero cuando entré por primera vez a la sala, cuando los senadores empezaron a llegar, todos fueron extremadamente amables. Me dijeron que estaban ansiosos por la presentación y que habían estado leyendo las palabras de apertura. Todos fueron muy desenvueltos y muy amables conmigo. Era una multitud muy acogedora y realmente no me lo esperaba.

Pronuncié mis palabras de apertura.

Consideré hacer mi lectura en francés. Lo pensé dado que yo hablo francés y dado que tenía la traducción al francés frente a mí; pero luego pensé que todos en Reddit se volverían locos si hacía mi lectura en francés. *Risas del público*

Así que decidí reducir mis pérdidas y no hice eso.

Me sorprendió gratamente que el tono de la conversación fuera muy abierto y acogedor. Los senadores parecían estar realmente escuchando lo que yo tenía que decir. Téngase en cuenta que realmente yo estaba tratando de hablarle a tres audiencias diferentes, simultáneamente. Mi primera audiencia era, desde luego, los senadores en la sala. Mi segunda audiencia era la de sus distritos electorales, el pueblo canadiense en general que tenía interés en

Bitcoin y las monedas digitales, que estarían viendo la ponencia o quienes la verían más tarde. Finalmente, esperaba proporcionar algunas analogías y narrativas útiles para explicar los conceptos básicos de Bitcoin y las monedas digitales que otras audiencias podrían utilizar. Me interesaba especialmente ofrecer a quienes apoyan la desregulación o la no regulación, buenos argumentos para que los planteasen en futuros debates. Al mismo tiempo, era muy consciente de que cada palabra que dijera sería analizada por la comunidad global de Bitcoin. Pensé que podría recibir amenazas porque me detuve demasiado antes de decir: "No regulen" o algo así. Reddit y Twitter pueden ser bastante viciosos cuando se trata de críticas.

Entregué la declaración de apertura. Entonces, recibí las preguntas. La mayoría de ellas fueron preguntas interesantes y reflexivas que nos permitieron discutir temas muy importantes. Estaba un poco preocupado cuando la primera pregunta fue sobre terrorismo e ISIS. Tenía la esperanza de que toda la conversación no fuera sobre Bitcoin como una herramienta para el terrorismo, lo que obviamente es una declaración ridícula, como todos ustedes saben. Me sorprendió gratamente cuando pasamos rápidamente a otros temas. Al final de la audiencia, los senadores se me acercaron uno por uno y me agradecieron por comparecer. Todos me dijeron algo lindo; todos fueron muy acogedores.

Uno de los senadores me dijo que durante mi presentación, la discusión sobre los no bancarizados y los económicamente marginados casi los hizo llorar, lo cual me pareció genial. Porque ese es uno de los principales mensajes del que quería hablar, el hecho de que Bitcoin no es solo para nosotros. En muchos casos, es más para los otros 6 mil millones. Al reflexionar sobre la experiencia, creo que fue un día muy exitoso. Espero haber representado bien a Bitcoin en Canadá.

Gracias Por La Ayuda y El Apoyo

Antes de pasar al siguiente tema, me gustaría decir que tuve mucha ayuda en la preparación del Senado. En primer lugar, colaboré de antemano tanto con la Embajada de Bitcoin de Canadá como con el Bitcoin Decentral en Toronto. Hablé con varios miembros de los grupos locales de Bitcoin canadienses para preguntarles sobre preocupaciones, así como sobre temas que el Senado canadiense estaba planteando. Los comentarios de apertura se enviaron con anticipación a un par de personas de confianza en la comunidad canadiense de Bitcoin para que los revisaran. Me dieron algunos comentarios que fueron de gran ayuda. Pasé los dos días antes de mi aparición leyendo todas las transcripciones y poniéndome al día con lo que ya había sucedido y lo que se había discutido.

Adicionalmente, algunos amigos me ayudaron haciendo simulacros de debates, donde me hacían preguntas que habían surgido antes en las transcripciones del Senado, así como preguntas más difíciles y preguntas más puntiagudas y en algunos casos, preguntas muy incómodas. Eso me permitió practicar varias respuestas. Pasaron muchas más cosas tras bastidores de lo que piensas, mucha gente estuvo involucrada. Si bien no me gustan los deportes, para mí, esta fue una noche de juegos. Entonces, se llevó a cabo algo de entrenamiento y práctica en equipo antes de esa presentación. Solo quería asegurarme de que la gente entendiera que no era solo yo. Que se trataba de un esfuerzo de equipo, y que muchas personas contribuyeron para que fuera un resultado exitoso y estoy muy agradecido por esa ayuda.

Hablemos de Libro Mastering Bitcoin

El libro se llama *Mastering Bitcoin*. Es un proyecto que comencé, (pareciera que fue hace mucho tiempo), en marzo de 2013. Con la ayuda de muchas personas, armé una propuesta. Pensé que era importante tener un libro sobre Bitcoin, enfocado a desarrolladores. Uno que ofrecería a los desarrolladores la oportunidad de aprender sobre las criptomonedas y estudiar el tema. Si eres un desarrollador, probablemente conozcas a O'Reilly media. La mayoría de los desarrolladores que conozco tienen al menos dos o tres libros con O'Reilly en sus estanterías. O'Reilly media publica una serie de libros llamados Safari Series, que tienen animales en las portadas. Estos son muy conocidos como libros técnicos de alta calidad. De hecho, la mayoría de ellos son conocidos simplemente por el animal que está en la portada. Por ejemplo, si desarrollas en Pearl, conoces el libro del camello. Si has desarrollado con SendMail, conocerás el libro del murciélago, etc... Estos libros son referencias muy útiles y están escritos para ayudarnos a comprender las tecnologías. Cuando escribí mi propuesta de libro, yo ya tenía veintitrés libros de O'Reilly en mi estantería. Entonces, cuando llegó el momento de decir: "¿Por qué editor me decido?" Todo lo que tenía que hacer era mirar mi estantería.

En marzo de 2013, comencé este proceso. ¿Sabes qué decidí? Voy a escribir este libro para Bitcoin, que en ese momento era una idea ridículamente estúpida. Fue una extralimitación masiva de mi parte porque había estado con Bitcoin durante poco más de un año, un año y 3 meses. Comprendía la tecnología no muy profundamente, pero lo suficiente como para poder escribir algún software sobre Bitcoin y jugué con él. Comencé un par de proyectos que se convirtieron en empresas e hice algunos proyectos de código abierto en Bitcoin. Pero en realidad, no era un experto en ese momento. Además, nunca había escrito un libro en ese momento.

Mastering Bitcoin es mi primer libro. Fue un proyecto un poco audaz en retrospectiva, era el tipo de cosas que realmente no tenían sentido; si yo realmente hubiera pensado en lo complicado que sería, no lo hubiera publicado. Si hubiera sabido cuánto trabajo sería, me habría rendido entonces y me habría ahorrado mucho dolor. Pero no hice nada de eso.

Decidí que iba a presentarle la idea de mi libro a O'Reilly. Pero sabía que tenía que ser una buena propuesta. Realmente buena. Entonces escribí una propuesta de 23 páginas. Mencioné todos los artículos que había escrito. Me comuniqué con todas las personas que conocía en los medios y la industria editorial y obtuve el respaldo de todos ellos. Envié la propuesta y esperé. Más tarde supe que el mismo día que presenté mi propuesta, recibieron otras tres propuestas de libros sobre Bitcoin. Me siento muy afortunado de que eligieran el mío.

Hice dos solicitudes en mi propuesta, que creo que fueron bastante críticas en el desarrollo del libro. La primera fue elegir un animal y la segunda fue pedir que el libro fuera de código abierto desde el principio, cosa que expone una gran parte de mi espíritu.

¿Por qué hay bichos en la portada?

Mucha gente no entiende por qué diablos hay hormigas en la portada de Mastering Bitcoin. Algunas personas dijeron que debería haber elegido un tejón de miel. Lo que habría sido una broma divertida, pero hubiese sido una broma bastante confinada a la comunidad de Bitcoin. Entonces, la mayoría de la gente no hubiese entendido la referencia. También sería un poco arrogante como animal para este propósito. Elegí la hormiga cortadora de hojas y quiero explicar el por qué.

La hormiga cortadora de hojas es un animal fascinante porque crea las estructuras sociales y comunidades más grandes del planeta, solo superadas por los seres humanos. Las hormigas son animales sociales, pero lo interesante de ellas es que forman superorganismos. La colonia de hormigas es un superorganismo. La hormiga cortadora de hojas es un ejemplo perfecto de un superorganismo que exhibe un comportamiento emergente que es mucho mayor que la suma de las partes individuales. Las partes individuales, los pequeños animales, los pequeños insectos, las hormigas, no son muy inteligentes. Se pueden simular en un circuito pequeño. Solo tienen unas pocas miles de neuronas. Tienen un comportamiento muy simplista impulsado por feromonas. Sin embargo, cuando juntas unos cientos de miles de hormigas en una colonia, se convierten en un superorganismo inteligente.

La razón por la que cortan hojas no es porque coman hojas. No comen hojas. De hecho, las mastican y luego las fermentan con una enzima y hacen una pasta. Al igual que la cerveza, el puré se hace como un precursor de la cerveza o el puré de whisky. Luego, alimentan con esa pasta a los pulgones. Luego, toman la melaza de los pulgones y se la dan a las larvas. Las hormigas cortadoras de hojas han domesticado otras especies de insectos y las cultivan como ganado. Esta es una función asombrosa porque son las únicas especies conocidas, fuera de los humanos, que domestican a otras especies y las cultivan. Ni una sola hormiga tiene este comportamiento en su ADN. Ese comportamiento surge de una red creada por cada miembro de esa red, siguiendo un conjunto simple de reglas. Pero el comportamiento emergente que se crea es supercomplejo.

Para mí, eso es lo que expresa Bitcoin. Espero no haberte aburrido hasta la muerte con toda esta charla sobre hormigas. Pero para mí, Bitcoin es asombroso porque en el fondo no es un sistema súper inteligente ni una red súper inteligente. En el fondo, es como una colonia de hormigas cortadoras de hojas. De un conjunto muy simple de reglas matemáticas seguidas por cada nodo de Bitcoin en la red, obtenemos esta complejidad emergente y una red súper inteligente que hace cosas increíbles. Por eso hay hormigas cortadoras de hojas en la portada.

Código Abierto

Creo firmemente en el contenido de código abierto de todo tipo. Cada discurso, cada presentación que hago, cada software que escribo, cada artículo que escribo, casi todo lo que hago está cubierto por licencias de Creative Commons, ya sea "CC by" o bien "CC by SA". Ese trabajo está disponible para que cualquiera pueda reutilizarlo, leerlo, combinarlo y compartirlo por igual (con las atribuciones adecuadas). La segunda solicitud que le hice a O'Reilly fue que el libro estuviera disponible bajo una licencia abierta.

En enero de 2014, fue cuando realmente comencé a escribirlo.

Nueve meses después, entregué el borrador final. Todo estaba escrito en GitHub en lenguaje de marcado ASCIIdoc. Todo está disponible en línea. Puedes ver cada uno de los "commits" en GitHub y cada iteración que se hizo sobre los capítulos, todos los errores que cometí.

Decidí seguir el consejo de Ward Cunningham, ¿Sabes quién es? Su nombre era en realidad Howard G. "Ward" Cunningham y fué quien inventó los wikis. Una vez le preguntaron, ¿cuál es la mejor manera de obtener la respuesta correcta de la internet? Estoy parafraseando, pero en esencia él respondió: "La mejor manera de obtener una respuesta correcta de la internet es no hacer una pregunta. Es publicar la respuesta incorrecta e internet te corregirá con aires de suficiencia". Ese fue el proceso mediante el cual publiqué mi libro. Lo escribí y creé la narrativa, pero en muchos casos publiqué la respuesta incorrecta y la internet me corrigió con aires de suficiencia y el libro mejoró bastante. Tengo mucha gente a quien agradecer por esto.

En mi sitio web, vendí copias del libro a cambio de bitcoins e incluí una recaudación de fondos opcional para organizaciones benéficas. El trato era que la gente podía comprar una copia firmada del libro, con una dedicatoria personalizada, si añadían $5.00 o $10.00 dólares a su carrito de compras y yo donaba ese dinero a la caridad. Tuve que cerrarlo después de que se vendieron 270 copias del libro. De repente me di cuenta de que el síndrome del túnel carpiano ya se avizoraba en mi futuro, si no detenía las órdenes. Pero recaudé $1700.00 para la caridad. ¡Gracias a todos aquellos que donaron! *Aplausos del público*

¿Hay Algo Más Que Te Gustaría Poder Agregarle Al Libro?

Oh diablos, ¡Vaya que sí! Un montón de cosas no se incluyeron en el libro. Me di cuenta de algo a mitad de camino, me di cuenta de que un libro nunca se termina. No hay parte del libro que no podría haber escrito mejor. No hay parte del libro que no mejoraría hoy si tuviera otros 10 meses. E.M. Forester dijo: "Una obra de arte nunca está terminada. Simplemente está abandonada". Eso es exactamente lo que ha pasado. En algún momento tuve que decidir que a partir de ahora todo lo demás que quiero incluir tiene que esperar a la segunda edición. Tuve que detenerme en algún momento y enfrentar la fecha límite. Habrá una segunda edición si Bitcoin todavía existe dentro de un año. Y creo que así será.

Gracias.

Appendix A: Un Mensaje de Andreas

Gracias nuevamente por leer este libro. Espero que hayas disfrutado leyéndolo tanto como yo disfruté creándolo. Si te gustó este libro, tómate un minuto para visitar la página del libro en Amazon [https://aantonop.io/tiomv3] o donde lo hayas comprado y déjale una reseña. Esto ayudará a que el libro obtenga una mayor visibilidad en las clasificaciones de búsqueda y llegue a más personas que pueden estar aprendiendo sobre bitcoin por primera vez. Un comentario sincero es de gran ayuda para mejorar aún más el próximo libro.

Quiero aprovechar esta oportunidad para agradecer formalmente a la comunidad por su apoyo a mi trabajo. Muchos de ustedes comparten este trabajo con sus amigos, familiares y colegas; asisten a eventos en persona, a veces viajando largas distancias; y aquellos que pueden incluso me apoyan en la plataforma Patreon. **Sin el apoyo de ustedes yo no podría llevar a cabo este importante trabajo, el trabajo que amo, y por ello les estoy por siempre agradecido.**

Gracias.

Appendix B: ¿Quieres Más?

Descarga un Capítulo de Bonificación Gratuito Si has disfrutado este libro y te gustaría estar informado sobre el próximo libro de la serie, participar en los sorteos para obtener copias gratuitas de los libros de la serie y mantenerte al día con las traducciones y otras noticias interesantes, regístrate en la lista de correos de Andreas.

No vendemos ni compartimos esta lista con nadie y solo la usaremos para enviar ocasionalmente información directamente relevante sobre esta serie de libros y sobre el trabajo reciente o próximo de Andreas. Como agradecimiento por registrarte, podrás descargar un capítulo adicional GRATIS que no forma parte de ninguno de los otros libros. La charla adicional no está disponible para la venta; está disponible exclusivamente para los miembros de la lista de correo.

Para registrarse, escanee el siguiente código:

O escriba la siguiente URL:

aantonop.io/tiom3wantmore

Impresiones, Libros Electrónicos y Audio Libros de la Serie de El Internet del Dinero Este es el tercer libro de una serie llamada *El Internet del Dinero*. Si has disfrutado de este libro, posiblemente también disfrutes de los volúmenes Uno y Dos, los cuales están disponibles en versión impresa, en versión digital, y en formato de audio libros en los Estados Unidos de América, el Reino Unido, Europa, Australia, y en otras partes del mundo. El Volumen Uno ha sido traducido al español, coreano, ruso, vietnamita, portugués, alemán, y francés y con más traducciones por venir. El Volumen Dos ha sido traducido al alemán y prontamente estará disponible en español y con más traducciones por venir.

Volumen Uno El volumen uno de la serie El Internet del Dinero contiene algunas de las charlas más populares de Andreas, incluidas:

Crecimiento de Bitcoin, Bitcoin Meetup en Paralelni Polis; Praga, Chequia; marzo de 2016;

Privacidad, Identidad, Vigilancia y Dinero, Barcelona Bitcoin Meetup en el FabLab; Barcelona, España; marzo de 2016;

Inversión de Infraestructura, Zurich Bitcoin Meetup; Zurich, Suiza; marzo de 2016;

La Moneda como Lenguaje, tema principal en la Conferencia de Bitcoin Expo 2014; Toronto, Ontario, Canadá; abril de 2014;

Los Elementos de La Confianza: Desatando la Creatividad, Blockchain Meetup; Berlín, Alemania; marzo de 2016;

¡Y muchas más!

Volumen Dos ¡Hemos escuchado a algunas personas decir que el volumen dos es incluso mejor que el volumen uno! Contiene muchas de las charlas más prolíficas y proféticas de Andreas:

Blockchain vs. Porquería, Conferencia Blockchain África; Johannesburgo, Sudáfrica; marzo de 2017;

Noticias Falsas, Dinero Falso, Encuentro Bitcoin de Silicon Valley; Sunnyvale, California; abril de 2017;

Las Guerras de Divisas, Coinscrum (MiniCon); Londres, Inglaterra; diciembre de 2016;

El Niño Burbuja y La Rata de Alcantarilla, Universidad Draper; San Mateo, California; octubre de 2015;

¡El Volumen Dos Plus incluye una sección adicional de Preguntas y Respuestas!

Manténgase al Día con Andreas Obtenga más información sobre Andreas, y sepa incluso cuando él planee visitar su ciudad, a través de su sitio web en https://www.aantonop.com. También puede seguirlo en twitter https://www.twitter.com/aantonop y suscribirse a su canal de youtube en https://www.youtube.com/aantonop.

Y, por supuesto, Andreas no podría hacer este trabajo sin el apoyo financiero de los promotores de comunidades a través de Patreon. Obtenga más información sobre su trabajo y obtenga acceso en primicia a los videos, participe en una sesión mensual de preguntas y respuestas, conozca a Andreas en eventos exclusivos para promotores de comunidades en todo el mundo y obtenga contenido detrás de escena convirtiéndose en un promotor de comunidades en https://www.patreon.com/aantonop.

Y, por supuesto, Andreas no podría hacer este trabajo sin el apoyo financiero de los promotores de comunidades a través de Patreon. Obtén más información sobre su trabajo y obtén acceso en primicia a los videos, participa en una sesión mensual de preguntas y respuestas, conoce a Andreas en eventos exclusivos para promotores de comunidades en todo el mundo y obtén contenido detrás de escenas convirtiéndote en un promotor de comunidades en https://www.patreon.com/aantonop.

Appendix C: Video Links

Charlas Editadas Cada uno de los capítulos incluidos en este libro se desprende de distintas charlas que ha impartido Andreas M. Antonopoulos en conferencias y reuniones en todo el mundo. La mayoría de las charlas se expusieron a audiencias generales, aunque algunas se presentaron para audiencias limitadas (como, por ejemplo, estudiantes) con un propósito particular.

Andreas es conocido por interactuar con la audiencia durante sus presentaciones, y gran parte de esa interacción con la multitud se ha eliminado del texto porque es un contenido esencialmente no verbal y no se traduce bien en palabras. Nuestra recomendación es ver el contenido original, aunque solo sea para tener una idea de cómo es asistir a uno de estos eventos.

Todos estos videos y mucho más está disponible en su página web — https://www.aantonop.com y en su canal de youtube — aantonop. https://www.youtube.com/user/aantonop. Si desea acceder en primicia a los últimos videos de este autor, puede convertirse en uno de sus "patreons" en https://www.patreon.com/aantonop.

Enlaces a Contenido Original A continuación, se muestra una lista de las charlas que hemos incluido en este texto, junto con las locaciones, las fechas, y los enlaces del contenido original.

Introducción a El Internet del Dinero

Conferencias de "Los Días de El Internet" (o: "Internetdagarna"); Estocolmo, Suecia; noviembre de 2017; https://aantonop.io/IntroTIOM

Acceso Universal a Servicios Financieros Básicos

Cumbre de Activos Digitales de CryptoCompare; Londres, Inglaterra; junio de 2019; https://aantonop.io/UniversalAccess

La Medida del Éxito: Precios o Principios

Gira 2018 de El Internet del Dinero; Colegio Universitario de Dublín; Dublín, Irlanda; mayo de 2018; https://aantonop.io/MeasuringSuccess

Libre en Vez de Libra: El Proyecto Blockchain de Facebook

Gira 2019 de El Internet del Dinero; Encuentro Escocés de la Blockchain; Edimburgo, Escocia; junio de 2019; https://aantonop.io/LibreNotLibra

Al Descubierto: El Dinero Como Sistema de Control

Cumbre de la Innovación Digital Avanzada; Vancouver, Canadá; septiembre de 2017; https://aantonop.io/InsideOut

Peor Que Inútiles

Conferencia Báltica del Tejón de Miel; Riga, Latvia; noviembre de 2017; https://aantonop.io/WorseThanUseless

Huyendo del Cártel Bancario Global

Gira 2018 de El Internet del Dinero; Seattle, Washington; noviembre de 2018; https://aantonop.io/EscapingCartel

Bitcoin: Un Banco Suizo en el Bolsillo de Todos

Gira 2019 de El Internet del Dinero; La Asociación Suiza de Bitcoin; Zurich, Suiza; junio de 2019; https://aantonop.io/SwissBank

Código Imparable: La Diferencia Entre No Puedo y No Quiero

ETH Denver; Denver, Colorado; febrero de 2019; https://aantonop.io/UnstoppableCode

Escogiendo la Cadena de Bloques Correcta Para el Trabajo

Conferencia DigitalK; Sofía, Bulgaria; mayo de 2019; https://aantonop.io/PickingBlockchains

Preservando lo Anormal de las Comunidades Digitales

Congreso Polaco del Bitcoin (Polski Kongres Bitcoin); Varsovia, Polonia; mayo de 2018; https://aantonop.io/KeepingWeird

Crypto-Invierno es en el Norte, Crypto-Verano en el Sur

Encuentro de Bitcoin Argentina; Buenos Aires, Argentina; enero de 2019; https://aantonop.io/CryptoWinter

OBSEQUIO: Testimonio Ante el Senado Canadiense; Declaración de Apertura

Comité del Senado de Canadá en lo Mercantil, Banca y Comercio; Ottawa, Canadá; 8 de octubre de 2014; https://aantonop.io/CAsenate

OBSEQUIO: Entrevista Sobre El Testimonio Ante El Senado Canadiense y Sobre El Libro Mastering Bitcoin

Salon Talks (programa de entrevistas); Vancouver, Canadá, el 16 de octubre de 2014; https://aantonop.io/SalonTalks

Índice